L'Univers expliqué
à mes petits-enfants

Hubert Reeves

L'Univers expliqué à mes petits-enfants

Éditions du Seuil

ISBN 978-2-02-103830-9

www.seuil.com

Prélude

Le titre de ce livre me rappelle *L'Art d'être grand-père* de Victor Hugo. Dans un monde où les couples n'ont plus la solidité d'antan, les grands-parents sont devenus des repères importants, d'autant qu'ils accompagnent en général plus longtemps la vie de leurs petits-enfants.

J'ai huit petits-enfants : Emmanuelle, Raphaëlle, Dorian, Elsa, Cyprien, Sevan, Massis et Noé, dont les âges vont de 6 mois à 21 ans. C'est à eux que je dédie ce livre. En commençant à l'écrire, j'ai pris conscience de la valeur symbolique que je pouvais lui donner : celle d'un testament spirituel.

Que voudrais-je raconter à mes petits-enfants de l'histoire de ce grand Univers qu'ils continueront à habiter après moi ? Comment les aider à transmettre à leur tour ces connaissances ?

J'ai choisi de m'adresser à des enfants d'un âge voisin de quatorze ans. Et aussi, bien sûr, à tous ceux qui veulent en savoir plus sur notre cosmos et sur son histoire.

Le livre est né de conversations avec l'une de mes petites-filles, certains soirs d'été. Notre dialogue se passe sous le ciel étoilé, que nous contemplons confortablement étendus sur des chaises longues. Tout au long de cette rédaction, je me suis senti revivre ces soirées de mois d'août avec mes enfants qui me bombardaient de questions pendant que nous attendions les étoiles filantes.

La contemplation de la voûte céleste et le sentiment de notre présence parmi les astres provoquent un désir partagé d'en savoir plus sur ce mystérieux cosmos que nous habitons.

Il sera ici question de science, ce qui n'exclut pas la poésie.

Une soirée d'observation

– Grand-papa, quand j'ai dit à mes amis que nous allions écrire ensemble ce livre sur l'Univers, ils m'ont posé des tas de questions à te transmettre.

– Par exemple ?

– Quelle est la dimension de l'Univers ? Qu'est-ce qu'il y avait avant le Big Bang ? Est-ce qu'il y aura une fin du monde ? Ça va se passer comment ? Et puis : Y a-t-il d'autres planètes habitées ? Crois-tu aux extraterrestres ? Mes amis me disent aussi que dans tes livres tu fais beaucoup de comparaisons culinaires. Ils me parlent du potage aux lettres et du pudding aux raisins que ta mère préparait.

– Nous allons parler de tout cela. Grâce aux sciences, et en particulier à l'astronomie, nous comprenons maintenant beaucoup de choses. Mais il y a des quantités de questions qui restent sans réponses. Beaucoup d'énigmes non résolues. Je vais t'en faire part pour que tu n'aies pas l'impression que nous savons tout. Notre Univers reste encore profondément mystérieux… Étends-toi bien sur ton transat et ferme les yeux. Respire profondément. Porte ton attention sur toutes les parties de ton corps : tes pieds, tes mains, tes doigts… Tes yeux, tes oreilles, ton nez. Tu y es ?

– *Oui, je sens tout mon corps.*

– Pour chacun d'entre nous, l'Univers commence par ça : ce que tu sens, ce qui te permet de voir, d'écouter, de percevoir à la fois ton monde intérieur et le monde extérieur. Tu fais partie de l'Univers et c'est par ton corps et ton esprit que nous allons l'explorer. Ouvre les yeux maintenant. C'est la nuit, le ciel est clair. Il y a des étoiles partout, des brillantes et d'autres très faibles, à peine visibles à l'œil nu. Il y a la Terre qui nous porte, le Soleil qui nous éclaire le jour et la pâle Lune.

L'Univers c'est tout cela. Tout, tout, tout.

Mais pour commencer, dis-moi, quel âge as-tu ?

– *J'aurai bientôt quatorze ans.*

– Où étais-tu il y a vingt ans ?

– *Mais je n'existais pas, grand-papa.*

– Bien sûr ! Moi j'existais, pas toi. Puis il y a eu un évènement extraordinaire, tu es née, tu es venue au monde, tu as commencé à exister. Tu es entrée dans l'Univers. Avant, tu n'y étais pas.

Je ne parle pas du jour de ta naissance qui est maintenant la date de ton anniversaire. Je parle du moment, environ neuf mois auparavant, où ton père et ta mère t'ont conçue en faisant l'amour. Ce jour est pour toi bien plus important que celui de ton anniversaire. Ce jour-là, tu es apparue sur une petite planète, la Terre, qui tourne autour du Soleil, qui lui-même tourne autour du centre de notre Galaxie, la Voie lactée, une des innombrables galaxies de notre Univers. Cela s'est passé dans le ventre de ta mère. Des millions de petites cellules avec une longue queue (les spermatozoïdes) ont été injectées par ton père. Les voilà engagées dans une course de vitesse. Elles se dirigent précipitamment vers l'ovule qui attend et qui sera l'autre moitié de toi. Quelle ardeur dans la compétition ! De tous ces prétendants, un seul nous importe ici, celui qui gagnera la course. Il va pénétrer dans l'ovule et le fertiliser. Les autres vont mourir. Et toi, tu viens d'entrer dans l'existence grâce à ces deux cellules qui, en s'unissant, sont devenues toi. Tu es maintenant une habitante du cosmos. C'est à ce moment que tu commences à vivre la longue aventure de ta vie. Pendant les neuf mois qui suivent, le petit ovule fertilisé devient un embryon, puis, ensuite, un fœtus. Les cellules de ton corps se mettent en place pour te permettre de vivre et de connaître le monde dans lequel tu es entrée le jour de ta naissance, quand tu es sortie du ventre de ta mère. Plus tard, tu as ouvert les yeux, tu as regardé le monde, et tu t'es préparée à me poser des questions comme celle-ci : « Grand-papa, c'est quoi l'Univers ? »

Mais déjà, je vais te donner une information étonnante : s'il n'y avait pas eu, bien avant ta naissance, des étoiles dans le ciel, tu n'existerais pas, tu ne serais pas née. Ni moi, d'ailleurs… Et nous ne serions pas ici en train de parler.

– Je ne peux pas imaginer que les étoiles si lointaines dans le ciel ont quelque chose à voir avec mon existence. C'est merveilleux ! Comment peux-tu savoir ça ?

– Nous allons y venir. Mais avant, je vais t'expliquer beaucoup de choses.

À quelle distance sont les étoiles ?

– Je ne regarderai plus jamais les étoiles de la même façon. Mais je n'arrive pas à savoir si elles sont proches ou lointaines. Explique-moi, comment peut-on connaître, par exemple, la distance entre la Terre et le Soleil ?

– Nous allons commencer par nous intéresser à notre Soleil. Ce soir, nous allons à notre observatoire pour le voir se coucher. Cette grosse boule lumineuse qui descend lentement vers l'horizon, c'est une étoile comme celles que nous voyons la nuit. Mais les autres étoiles sont si loin qu'elles nous paraissent bien peu lumineuses en comparaison. Parmi toutes les étoiles du ciel, nous avons la chance d'en avoir une tout près de nous !

– Oui, mais à quelle distance ?

– Évidemment, il est plus loin que les montagnes derrière lesquelles il va se coucher.

– Beaucoup plus loin ?

– Les hommes se sont posé cette question pendant très longtemps avant de trouver la réponse. Certains disaient qu'il était très loin, d'autres qu'il était tout près. On raconte qu'un prisonnier, nommé Icare, et son père avaient projeté de s'enfuir en s'élevant dans le ciel grâce à deux ailes fixées dans le dos avec de la cire. Mais Icare commit une imprudence fatale en s'approchant du Soleil : la cire fondit et il se noya dans l'océan.

– Alors comment peut-on mesurer ces distances ?

– Il y a plusieurs méthodes. En voici une qui sert par exemple pour la Lune et le Système solaire. Rappelle-toi nos promenades dans les montagnes, l'été dernier. Nous nous amusions à crier pour écouter l'écho de nos voix. Selon la distance, il nous revenait après un temps plus ou moins long. Le son (notre cri) voyage vite : trois cents mètres par seconde. Si l'écho parvient après deux secondes (– une – deux), tu sais que la falaise est à trois cents mètres (une seconde pour l'aller, une seconde pour le retour). Pour mesurer les distances dans le Système solaire, on utilise la même méthode, pas avec le son comme pour l'écho en montagne, mais avec la lumière.

– Il y a des échos de lumière ?

– Oui, comme il y a des échos de son. Mais bien plus rapides : la lumière va un million de fois plus vite que le son. Aujourd'hui, pour mesurer la distance de la Lune, on envoie un rayon radar (une sorte de lumière) vers sa surface. L'écho revient de la Lune en deux secondes (une pour aller, une pour revenir). La Lune est à une seconde-lumière.

Pour aller au Soleil, la lumière met huit minutes. On dit que le Soleil est à huit minutes-lumière. Il y a quelquefois de gros orages qui éclatent à la surface du Soleil. Des éclairs embrasent sa surface. Mais on ne les voit que huit minutes plus tard. Quand nous les observons sur la Terre, nous savons qu'ils ont eu lieu huit minutes plus tôt. Pourquoi ? Parce que la lumière de ces éclairs a dû parcourir la distance entre le Soleil et nous.

– Cela veut dire que le Soleil que nous observons ce soir est le Soleil tel qu'il était il y a huit minutes ? Comment est-il maintenant ? A-t-il changé en huit minutes ?

– Pour le savoir, il nous faut attendre… huit minutes. En fait, nous sommes juste à bonne distance de notre étoile. Plus loin, il ferait très froid et nous ne pourrions pas vivre. Plus près, il ferait trop chaud et l'eau de l'océan s'évaporerait. Sans eau liquide, il n'y aurait pas de vie non plus. C'est parce que notre Terre est à une bonne distance du Soleil que la vie a pu s'y développer et que nous y vivons confortablement.

Attendons maintenant la nuit. Le Soleil est

couché. Les étoiles apparaissent dans le ciel. Leur lumière a voyagé longtemps avant de nous arriver sur la Terre. Certaines des étoiles que nous voyons sont situées à des dizaines, des centaines, et même à des milliers d'années-lumière. Par exemple, l'étoile Polaire, celle qui nous indique le Nord, est à quatre cent trente années-lumière. Pour nous arriver aujourd'hui, sa lumière est partie de l'étoile autour de l'année 1580.

– Et les trois étoiles que tu appelais les Rois Mages, dans la constellation d'Orion, elles sont à quelles distances ?

– Leur lumière a voyagé pendant mille cinq cents ans avant d'entrer dans nos yeux. Elle est partie vers la fin de l'Empire romain, voyageant pendant tout le Moyen Âge, la Renaissance et les époques récentes, elle filait à travers l'espace et nous arrive enfin… Bien sûr, nous ne pourrions pas mesurer leurs distances parcourues par la méthode des échos. Il faudrait attendre trois mille ans pour l'aller-retour ! On utilise d'autres méthodes. Tu pourras les lire dans les ouvrages d'astronomie.

Et maintenant, si tu regardes des images prises du cosmos avec de grands télescopes, tu vois une multitude de galaxies. Ici, les distances sont beaucoup plus grandes encore. La lumière de certaines d'entre elles a été émise bien avant la naissance de la Terre et du Soleil. Elle voyage pratiquement depuis le début de l'Univers.

– Comment peut-on savoir ce qu'elles sont devenues ? Peut-être qu'elles n'existent plus.

– La question se pose. On pense que nombre d'entre elles ont été avalées par les plus grosses. Il y a beaucoup de cannibalisme chez les galaxies. Mais pour le vérifier directement, il faudrait patienter des milliards d'années. Retiens bien cette information : quand tu observes un astre lointain, tu le vois tel qu'il était dans un lointain passé et non pas tel qu'il est aujourd'hui. On peut résumer cela en disant : « Regarder loin, c'est regarder tôt. » Les astronomes ont à leur disposition une « machine à remonter le temps » dont rêveraient tous les historiens terrestres. Elle nous permet d'observer en direct le passé du cosmos. Par exemple, pour savoir comment était l'Univers au moment de la naissance du Soleil, il y a 4,5 milliards d'années, il suffit d'observer des astres qui sont à 4,5 milliards d'années-lumière de nous. C'est ce que les astronomes font aujourd'hui avec leurs puissants télescopes. Ainsi nous pouvons reconstituer l'histoire de l'Univers.

De quoi sont faites les étoiles ?

– Tu m'as dit que les étoiles sont très loin mais qu'elles ont joué un rôle important dans notre existence ici sur la Terre. Moi je ne vois que des petits points lumineux. Comment peut-on savoir de quoi elles sont faites ? Et comment ont-elles pu contribuer à notre vie ?

– Pour répondre à ta question, je vais revenir sur des notions qui te sont peut-être déjà familières. On va parler d'atomes et de lumière.

– Oui, j'ai appris des choses à ce sujet, mais je ne comprends pas très bien. Explique-moi et fais comme si je ne savais rien du tout.

– Entendu. On recommence à zéro. Regarde autour de toi. Tu perçois un grand nombre de substances différentes : la terre et les pierres qui forment le sol où tu marches, l'eau que tu bois, l'air que tu respires, ta nourriture – les fruits et les légumes. Et aussi ton corps que tu sens. Une des plus grandes découvertes de la science a été de montrer que toutes ces substances, si nombreuses et si différentes, sont en fait des combinaisons de petites particules qu'on appelle les atomes. Ils portent des noms que tu connais : l'oxygène, le carbone, le fer, le chlore, le sodium, l'hydrogène, l'hélium, le plomb, l'or, etc. Il y en a environ une centaine ; je t'en donne quelques exemples : l'eau est composée d'hydrogène et d'oxygène, le sel de table de chlore et de sodium, les pierres sont surtout constituées d'oxygène, de silicium, de fer, de magnésium. Ton corps, c'est essentiellement de l'oxygène, du carbone, de l'azote, de l'hydrogène. L'air que tu respires, c'est surtout un mélange d'oxygène et d'azote. Cette idée – que les substances que nous percevons sont des combinaisons d'atomes – date déjà de plus de deux mille ans. Elle a été proposée par des philosophes grecs comme Démocrite et Lucrèce. Mais c'est au XVIIIe et XIXe siècles que les chimistes ont pu démontrer sa validité.

– Tout ça, c'est sur la Terre. Est-ce pareil pour les étoiles et les planètes ? Comment savoir si le Soleil est fait d'atomes comme nous ? Il est si loin et les atomes sont si petits !

– Pour te répondre il faut maintenant que je te parle de la lumière et des couleurs. Commençons avec les lampes fluorescentes utilisées dans les enseignes lumineuses de publicité. Il y a, bien sûr, le rouge de Coca-Cola qui est émis par des atomes d'hydrogène enfermés dans des tubes en verre. Il y a encore le jaune des lampes qui éclairent les tunnels routiers et qui contiennent du sodium, le violacé des lampes à vapeur de mercure.

– Comment fait-on pour que ces atomes émettent de la lumière ?

– Quand on donne de l'énergie à un atome, par exemple en lui envoyant de l'électricité, il s'en débarrasse en émettant de la lumière. Chaque variété d'atome émet une lumière composée de couleurs particulières. L'hydrogène s'illumine surtout en rouge, le sodium en jaune, le mercure en violacé. Ces couleurs constituent une sorte de signature qui permet de les reconnaître. Et cela où qu'ils soient : sur la Terre ou dans l'espace, et même aux confins de l'Univers.

– Alors, c'est en observant les couleurs des étoiles qu'on peut connaître leur composition ? C'est génial ! Qui a eu cette idée ?

– C'est un astronome allemand, Joseph von Fraunhofer, qui réalisa pour la première fois en 1811 l'analyse de la lumière du Soleil. On y a retrouvé la signature d'une grande variété d'atomes différents : de l'hydrogène, du calcium, etc. Donc le

Soleil est, comme nous, composé d'atomes. Ainsi en est-il des étoiles, des planètes et de tous les astres observés dans l'Univers. On y retrouve chaque atome que nous connaissons. Et seulement ceux que nous connaissons. On n'a pas observé dans le ciel de variétés d'atomes qui seraient inconnues sur la Terre. Tu entrevois l'importance de cette découverte ! Grâce aux couleurs des lumières que nous recevons dans nos télescopes, nous pouvons connaître la composition atomique de tout ce qui brille dans le ciel !

Pour la petite histoire, vers la même époque, un philosophe français, Auguste Comte, incluait dans une liste de découvertes selon lui impossibles la connaissance de la composition chimique du Soleil. Comme quoi, il ne faut jamais dire : « C'est impossible ! »

De quoi se chauffe le Soleil ?

– J'ai tenu à venir ce soir avant le coucher du Soleil. Tu m'as dit que tu voulais me poser d'autres questions à son sujet… Profitons de sa présence avant qu'il ne disparaisse.

– J'aimerais savoir depuis combien de temps il existe comme cela dans le ciel, et comment il arrive à produire tant de lumière et de chaleur.

– Ce sont des questions que les hommes se sont posées pendant des milliers d'années. Mais on ne connaît les réponses que depuis environ un siècle seulement. C'est tout récent.

Je vais d'abord te donner ces réponses et je te dirai ensuite comment on les a trouvées. C'est toujours intéressant de revenir sur le passé et de raconter comment les problèmes se sont d'abord posés avant d'en trouver les solutions.

Le Soleil se chauffe à l'énergie nucléaire, tout comme les réacteurs qui sont une importante source d'énergie électrique dans plusieurs pays. Il brille depuis plus de 4,5 milliards d'années. L'histoire de cette découverte commence par les études des géologues aux XVIIIe et XIXe siècles. En fouillant les strates du sous-sol, ils ont extrait des restes fossilisés de plantes et d'animaux qui vivaient il y a des centaines de millions d'années. Comme la vie a besoin d'une source de chaleur permanente, cela prouve que le Soleil brillait déjà dans ces temps reculés. Ce qui a évidemment entraîné des questions : quelle pouvait être la source d'énergie qui permettait à notre astre de produire tant de chaleur depuis si longtemps ? Comment arrivait-il à briller sans épuiser ses réserves d'énergie ? Au XIXe siècle, les scientifiques ne connaissaient pas l'existence de l'énergie nucléaire. Elle a été découverte au début du XXe siècle.

Supposons que le Soleil soit une immense boule de charbon de même volume se consumant lentement. À la vitesse à laquelle il brûle et se transforme en lumière qui réchauffe notre planète, en combien de temps épuiserait-il sa réserve d'énergie ? La réponse est simple : pas plus d'un ou deux millions d'années ! Problème : ce n'est pas suffisant quand on sait que les dinosaures existaient déjà il y a deux ou trois centaines de millions d'années ! On a alors logiquement supposé qu'il existait une autre forme d'énergie, inconnue à cette époque, capable de permettre au Soleil de briller beaucoup plus longtemps. Cette forme d'énergie, on l'a trouvée au début du XXe siècle, c'est l'énergie nucléaire. Le Soleil, comme presque toutes les étoiles, est composé surtout d'hydrogène. En son centre, la température est de quatorze millions de degrés. Cette température fait entrer l'hydrogène en réactions nucléaires qui donnent de l'énergie. En se consumant, l'hydrogène se transforme en hélium. Comme sur la Terre, dans une bombe H inventée par les humains.

– *Mais le Soleil n'explose pas !*

– C'est toute la différence. Dans le Soleil, l'énergie est émise d'une façon continue. Ça s'appelle la fusion contrôlée. Sur la Terre, on sait faire des bombes mais on ne sait pas encore contrôler le débit d'énergie. C'est un projet de recherches très actif.

Cette combustion de l'hydrogène du cœur solaire est également la source d'énergie de toutes les étoiles de notre ciel. Elle a deux effets importants. D'abord elle dégage de l'énergie qui se transforme ensuite en lumière et en chaleur : les réserves d'énergie nucléaire du Soleil sont suffisantes pour lui permettre de briller pendant dix milliards d'années, plus de problèmes avec l'âge des dinosaures ! Ensuite, elle produit de nouveaux atomes. Quatre hydrogènes fusionnent en un hélium. Plus tard, l'hélium lui-même va se transformer en carbone, azote et oxygène. Et plus tard encore, par le même phénomène de réactions nucléaires, presque tous les atomes du cosmos vont se former à l'intérieur des étoiles vieillissantes.

– Mais si ces atomes se forment dans les étoiles, comment sont-ils arrivés jusqu'à nous ?

– Les étoiles ne vivent pas indéfiniment. Elles meurent quand elles ont épuisé leurs réserves d'énergie nucléaire. Notre Soleil, selon nos calculs, va mourir dans environ cinq milliards d'années. Il aura alors l'aspect d'une grande nébuleuse (appelée de façon erronée « nébuleuse planétaire »).

– Est-ce qu'on en voit ce soir ?

– Regarde le ciel. Tu vois les « Trois Belles de l'été » : Véga dans la Lyre, Déneb dans le Cygne et Altaïr dans l'Aigle. Il y a une très belle nébuleuse près de l'étoile Véga. Mais il faut un télescope pour la voir. Toute la matière d'une étoile agonisante – y compris les nouveaux atomes qu'elle aura formés au cours de sa vie – va se répandre dans l'espace et, plus tard, s'intégrer à des nébulosités de la Voie lactée. De nouvelles étoiles pourront y naître. Certaines auront des planètes comme notre Terre. On y retrouvera des atomes engendrés dans les étoiles défuntes.

– Peut-on savoir comment le Soleil est né ? Comment il va mourir ?

– Pour comprendre, nous irons nous promener dans la forêt voisine. C'est une chênaie. Les chênes peuvent vivre très longtemps. Bien plus longtemps que nous. Parfois jusqu'à mille ans et plus. Personne ne pourrait observer tous les évènements de la vie d'un seul chêne. Mais en nous promenant dans la forêt, on peut voir des chênes de tous les âges. Des bébés chêne encore attachés au gland qui leur a donné naissance, de petits chênes avec seulement quelques feuilles, de grands arbres majestueux, de vieux chênes déjà agonisant et enfin, au sol, des arbres morts couverts de lierre et de champignons, qui pourrissent lentement. On peut ainsi reconstituer l'ensemble des éléments de la vie d'un chêne sans avoir à attendre des siècles.

Aujourd'hui, nous connaissons bien la vie des étoiles. Nous savons qu'elles naissent dans certaines régions de la galaxie que nous appelons des pouponnières d'étoiles. Elles se forment quand de grandes nébuleuses gazeuses s'effondrent sous leur propre poids. Nous appelons « nébuleuse protosolaire » celle qui a donné naissance à notre Soleil et au Système solaire, avec ses planètes, ses météorites, ses comètes, etc. Nous savons comment les étoiles vivent et meurent. Pour chacune, nous pouvons connaître son âge et le temps qu'il lui reste à vivre.

Le ciel au-dessus de nos têtes est comme une immense forêt d'étoiles. Comme pour les chênes, on en voit de tous les âges. De toutes jeunes, des étoiles à la moitié de leur vie (c'est le cas de notre

Soleil), des étoiles vieillissantes, des débris d'étoiles mortes. Nous avons sous les yeux toutes les étapes de la vie de notre Soleil, son passé et son avenir, sans avoir à attendre les cinq milliards d'années de la fin de sa vie.

Comment évaluer l'âge du soleil ?

– Maintenant que le Soleil a disparu et que les étoiles commencent à briller, allons parler d'elles, si tu veux bien.

– Mais tu ne m'as pas dit comment on a pu mesurer l'âge du Soleil !

– Il faut parler à nouveau des atomes. Au début du XXe siècle, grâce aux travaux de Pierre et Marie Curie, on découvre que certains atomes parmi les plus gros, l'uranium par exemple, ont une étrange propriété. Ils ne sont pas stables. Après un certain temps, ils se cassent en morceaux en émettant de la chaleur. On dit qu'ils se « désintègrent ». Une variété d'uranium, l'uranium-235, se casse en moyenne après un milliard d'années.

– Est-ce que tous ces atomes se cassent en même temps ?

– Non, c'est progressif. Cela veut dire qu'après un milliard d'années, la moitié des atomes d'uranium présents au départ se sera désintégrée. Après deux milliards d'années, il n'en restera plus qu'un quart. Après trois milliards d'années, il en restera un huitième, etc. On dit que l'uranium-235 a une « demi-vie » d'un milliard d'années.

– *Où les trouve-t-on ?*

– On en trouve de faibles quantités dans certaines pierres. Quand tu y poses la main, tu sens la chaleur. En concentrant ces atomes, on obtient le combustible des réacteurs nucléaires. Et aussi des bombes atomiques…

Mais ces atomes ont une autre utilité ; ils peuvent servir de chronomètre. On mesure la quantité d'atomes radioactifs dans une pierre : moins il reste d'atomes radioactifs, plus la pierre est vieille. On peut ainsi obtenir l'âge des pierres de la Terre et aussi celui des météorites.

– *C'est quoi une météorite ?*

– C'est un petit corps rocheux qui tourne autour du Soleil, comme les planètes. Il y en a de toutes les dimensions. Les plus petites sont comme des sortes de gravillons. En entrant dans l'atmosphère, les météorites se volatilisent et laissent une trace dans le ciel. Souviens-toi de ces belles étoiles filantes du mois d'août de l'an dernier ! Certaines météorites de plus grandes dimensions tombent parfois sur la Terre. Elles contiennent généralement, en faible quantité, différentes sortes d'atomes radioactifs avec chacune sa propre demi-vie.

On a d'abord été frappé par le fait que presque toutes ces météorites affichent le même âge. *Quatre milliards cinq cents millions d'années.*

Quand les cosmonautes sont allés sur la Lune, ils ont ramassé des pierres au sol. Ils les ont ramenées et ont mesuré leur âge de cette façon. Résultat : le même âge que les météorites !

– *Pourquoi tous ces objets ont-ils le même âge ?*

– Rappelle-toi que les étoiles et leurs planètes se forment ensemble à partir d'une nébuleuse de gaz et de fines poussières *(voir page 27)*. On en déduit que l'âge mesuré pour les météorites et les pierres lunaires est également l'âge de la nébuleuse protosolaire et donc celui du Soleil. Tout ce petit monde est né en même temps il y a 4,5 milliards d'années !

Nous sommes des poussières d'étoiles

– Maintenant le Soleil est couché et le ciel est magnifique ce soir. On voit des étoiles partout. Dans un de tes livres, tu as écrit que nous sommes des «poussières d'étoiles». Qu'est-ce que ça veut dire ?

– C'est encore là une des grandes découvertes de la science contemporaine. Une découverte qui nous relie au monde des étoiles.

Touche ton front en regardant le ciel. Croirais-tu que les atomes qui forment ton corps sont nés dans les étoiles ? C'est bien ce que les astronomes ont découvert grâce à leurs télescopes et à leurs patients travaux. Comme je te l'ai déjà dit, au centre des étoiles il fait très chaud – des millions de degrés – et des réactions nucléaires ont lieu. Elles engendrent de nouveaux atomes qui s'accumulent dans le corps de l'astre. Plus tard, après la mort et le démembrement de chaque étoile, ces atomes errent dans l'espace. Un certain nombre vont se retrouver dans la matière qui constitue notre planète. Ils circulent dans les sols et dans les océans. Et un jour, ils entrent dans les cycles de vie de toutes les espèces. Depuis, ces atomes composent chaque individu et ta nourriture t'en apporte constamment. On peut vraiment dire que nous sommes des poussières d'étoiles ! En ce sens, les étoiles sont les arrière-grands-mères de tous les humains de toutes les époques et de tous les vivants au monde. Après la mort, les atomes de notre corps retournent à la terre des cimetières. Ils peuvent être réutilisés dans l'élaboration d'autres êtres vivants, des plantes ou des animaux. Les atomes ne meurent pas. Ils sont continuellement recyclés dans un immense circuit qui implique toute la planète.

– *Cela va continuer longtemps ?*

– Jusqu'à la mort du Soleil dans cinq milliards d'années environ. À ce moment-là, notre étoile va passer du jaune au rouge et gonfler énormément. Elle deviendra une étoile géante rouge, comme la belle Antarès – l'œil du Scorpion dans le zodiaque –, bien visible l'été au sud, juste au-dessus de l'horizon. La chaleur reçue par notre planète augmentera fortement. L'eau va se vaporiser et le sol se désertifier. Plus tard encore, les pierres elles-mêmes se vaporiseront. Tous les atomes de notre planète retourneront dans l'espace et s'intégreront à de nouvelles nébulosités. Peut-être formeront-ils d'autres planètes ultérieurement habitées par d'autres petites filles qui poseront des questions à leur grand-père… Et le recyclage reprendra là-haut comme ici aujourd'hui.

Souvent les gens me demandent : « À quoi servent l'astronomie et les télescopes ? » Tu as ici une réponse. Grâce à eux, nous avons appris que les étoiles, pourtant si lointaines, ne nous sont nullement étrangères. Elles ont joué un rôle important dans notre existence. Sans elles, pas d'atomes, donc pas de cerveaux pour formuler des questions ! Cela valait la peine de faire des efforts pour comprendre ce qui se passe dans l'Univers et comment nous en sommes venus à exister ! En nous parlant de l'Univers, la science nous parle de nous-mêmes. Elle cherche à connaître tous les évènements qui se sont succédé dans le ciel et sur la Terre et qui ont eu pour résultat notre propre existence… Elle nous raconte notre propre histoire.

Ruches et galaxies

– J'ai encore beaucoup de questions à te poser.

– Retournons nous installer sur les transats et reprenons nos conversations. Maintenant, la nuit est vraiment tombée et on voit une quantité d'étoiles dans le ciel.

– Oui, partout… Il n'y a pas une zone du ciel où on n'en voit pas. Y en a-t-il autant dans tout l'Univers ?

– Non. Il y a d'immenses espaces sans étoiles. On ne s'en aperçoit pas à l'œil nu mais on le constate avec nos télescopes. Dans l'Univers, les étoiles sont regroupées en grands amas qu'on appelle des galaxies. Chaque galaxie contient environ cent milliards d'étoiles. Si tu vois beaucoup d'étoiles, c'est que nous sommes à l'intérieur d'une galaxie. Si nous sortions de la nôtre, tu en verrais bien peu. On peut comparer les étoiles dans une galaxie et les abeilles dans une ruche. Chaque abeille d'une ruche y naît, vit et y meurt. Il y a de nombreuses ruches et chaque abeille appartient à l'une d'elles. Elle est en quelque sorte dans sa famille. De la même façon, chaque étoile appartient à une galaxie. Notre Soleil est une étoile de la Voie lactée.

– *Est-ce qu'on peut voir notre Galaxie dans le ciel ?*

– Regarde bien le ciel. On voit une pâle bande blanche qui s'élève au-dessus de l'horizon au nord, passe sur nos têtes et replonge vers l'horizon au sud. C'est notre Galaxie. On n'en voit qu'une partie ; le reste passe en dessous de la Terre et revient vers le nord. Parce que nous sommes à l'intérieur, nous ne pouvons pas en avoir une vue d'ensemble. C'est un peu comme quelqu'un qui, perché sur une branche d'arbre, ne peut voir l'arbre dans son ensemble, mais voit les branches étalées autour de lui.

– *Peut-on voir d'autres galaxies ?*

– Les galaxies, même les plus proches de nous, ne sont pas visibles à l'œil nu. Sauf trois, que l'on peut tout juste distinguer pendant une nuit particulièrement obscure. Dans le ciel d'automne de l'hémisphère nord, on peut voir la galaxie d'Andromède près de la constellation de Cassiopée (en forme de W). Il faut la regarder avec des jumelles. Rappelle-toi, en apercevant cette tache blanche de forme ovale, que sa lumière a quitté la galaxie il y a près de trois millions d'années, quand les ancêtres des premiers hommes commençaient à marcher sur la Terre. Dans l'hémisphère Sud, on peut voir deux autres galaxies : les nuages de Magellan. Ce sont les plus rapprochées. Les autres sont beaucoup plus loin, pour certaines des milliers de fois plus loin.

– *Combien y en a-il ?*

– Avec nos plus puissants télescopes, on pourrait en dénombrer plus d'une centaine de milliards. L'Univers se présente à nous comme un vaste archipel de galaxies dans un océan gigantesque qu'on appelle l'espace intergalactique.

– *Avec ces télescopes, serait-il possible de voir toutes les galaxies de l'Univers ?*

– Non, même avec les télescopes les plus puissants, on ne pourrait pas voir tout l'Univers. Nos observations sont limitées par un horizon au-delà duquel nous ne pouvons rien voir. Un peu comme le regard quand on est au bord de la mer.

– *Que penses-tu qu'il y ait au-delà de cet horizon ?*

– D'autres galaxies sans doute.

– *Combien ?*

– On n'en sait rien.

– *Se pourrait-il qu'il y en ait un nombre infini ?*

– Oui, c'est possible. Ce qui est fascinant dans l'étude de l'Univers, c'est qu'on peut s'attendre à tout. Même aux choses les plus inimaginables.

Un Univers en expansion

– J'ai lu quelque part que l'Univers est en expansion. Qu'est-ce que ça veut dire ? Qu'il devient plus grand ? Et s'il s'étend, il s'étend dans quoi ? Il faut que tu m'expliques.

– Quand on veut discuter d'une question, il est toujours intéressant de remonter à son origine. D'où vient cette idée d'un Univers en expansion ? Vers 1920, de grands télescopes sont mis en opération en Californie. L'astronome américain Hubble entreprend de mesurer la distance et le mouvement d'un certain nombre de galaxies.

– On pensait vraiment qu'elles pouvaient se déplacer ?

– On n'en savait rien... Tout était possible ! Les résultats ont été si étonnants, si inattendus qu'au début, Hubble lui-même doutait de leur valeur. Il pensait avoir commis une erreur quelque part ! Ce sont ses propres élèves qui ont réussi à le rassurer.

Il ignorait qu'il venait de faire une découverte qui allait influencer toute notre vision du monde.

– *Qu'a-t-il donc découvert de si extraordinaire ?*

– Il a découvert que les galaxies ne sont pas immobiles dans l'espace. Elles se déplacent les unes par rapport aux autres, en s'éloignant. Jusque-là, rien d'étonnant. Mais c'est la suite qui va susciter beaucoup de réactions. Les galaxies ont un mouvement d'ensemble très particulier. Plus elles sont lointaines, plus elles s'éloignent vite !

– *Comment l'imaginer ? Je sens que tu vas me parler de ton fameux pudding aux raisins !*

– Oui, cette comparaison nous aide à nous représenter le phénomène. Dans une pâte contenant de la levure, on a mis des raisins secs. On met le tout au four et on observe ce qui se passe. La pâte, en gonflant, entraîne dans son mouvement les raisins qui s'éloignent lentement les uns des autres. Maintenant, imaginons que nous sommes installés sur un des raisins et regardons autour de nous. Nous verrons alors nos voisins-raisins se déplacer d'une façon très particulière. Les plus proches bougent lentement tandis que les plus lointains vont beaucoup plus vite… Mais tous s'éloignent dans un grand mouvement d'ensemble. On dira que le pudding est en expansion.

– *C'est ça, le rapport avec les galaxies ?*

– Oui, il en est de même pour l'ensemble des galaxies du ciel : l'Univers est en expansion. Cela veut dire simplement qu'il y a un mouvement général d'éloignement des galaxies les unes par rapport aux autres. Ce qui implique qu'elles étaient plus rapprochées dans le passé et qu'elles seront de plus en plus séparées dans l'avenir.

– *Est-ce que ça veut dire que l'Univers devient de plus en plus grand ?*

– Il faut toujours se méfier des comparaisons. Elles ont leurs limites. L'Univers ressemble à un pudding quant à ses mouvements, mais il en diffère par la forme. Le pudding a un centre et un bord. Il s'étend dans l'espace vide du four. Notre Univers n'a ni centre ni bord. Au meilleur de notre connaissance actuelle, il n'y a pas d'espace vide autour de lui. L'Univers, ce sont des galaxies partout. Et elles s'éloignent toutes les unes des autres.

– *Je n'arrive pas à m'imaginer ça !*

– Il ne faut pas t'en étonner. Quand nous abordons des dimensions aussi éloignées de nos perceptions ordinaires, notre imagination rencontre des difficultés. L'évolution biologique nous a habitués à des dimensions beaucoup plus modestes. Ici, nous perdons nos repères. C'est le prix à payer pour essayer d'explorer l'Univers !

Mais les astronomes qui travaillent sur ces questions finissent par adapter leur imagination à ces immenses espaces.

Tout ce qu'il te faut retenir, c'est que partout dans l'Univers il y a des galaxies et que les distances qui les séparent augmentent continuellement. C'est là le sens de l'expression : « L'Univers est en expansion. » C'est ça et juste ça !

Attardons-nous sur cette découverte. Elle nous donne une information fondamentale sur notre monde : il change avec le temps. Il était différent dans le passé et il sera différent dans l'avenir.

– *Qu'est-ce qu'on pensait avant cette découverte ?*

– On acceptait généralement l'image de l'Univers qu'Aristote avait présentée deux mille ans auparavant. Selon ce philosophe grec, l'Univers existait depuis toujours et devrait exister toujours. Sans changement. Pour lui, l'Univers est statique, éternellement figé en lui-même. Bien sûr, il y a des choses qui changent, admettait Aristote : le bois pourrit, le métal rouille, les montagnes s'érodent et les vallées se remplissent. Mais, ajoutait-il, ce ne sont que des évènements à notre petite échelle. De l'anecdotique en quelque sorte. À grande échelle, celle du ciel et des étoiles, rien ne change jamais, affirmait-il.

– Comment en était-il arrivé à cette conclusion ?

– Aristote connaissait les travaux des astronomes babyloniens d'avant son époque (ceux-ci consignaient méticuleusement tout ce qui se passait dans le ciel depuis longtemps). Les constellations revenaient régulièrement à leurs saisons. Rien ne semblait contredire l'idée d'un Univers immuable. À partir de ces observations, Aristote se sentait autorisé à admettre l'éternité du cosmos. Pas de début. Pas de fin.

– Mais, si je me souviens bien, à cette époque les astronomes n'avaient pas de télescopes.

– Oui, c'est cela qui fait toute la différence. Les modestes artisans qui ont fabriqué les premiers instruments d'optique en Hollande, au XVIe siècle, n'auraient jamais pu imaginer l'impact que leurs instruments auraient sur toute la pensée humaine. Tout comme les observations de Galilée avec sa lunette sur les satellites de Jupiter, en 1610, qui ont montré que la Terre n'était pas le centre de l'Univers. Les mesures de Hubble ont suffi à montrer que l'Univers est en profond changement. Il était plus dense dans le passé et il le sera moins dans l'avenir.

– Est-ce que ça veut dire que dans le lointain passé il était beaucoup plus petit ? Petit comme un point ?

– Non, pas nécessairement. Il pouvait quand même être grand. Peut-être même infini. Ça n'est pas facile à imaginer. Nous y reviendrons plus tard.

Une histoire de l'Univers

– *Tu m'as expliqué ce que veut dire l'« Univers en expansion ». Tu as insisté sur le fait qu'il y a constamment du changement dans l'Univers. En quoi est-ce que cela me concerne ? En quoi le mouvement d'éloignement des galaxies – que je ne peux même pas voir à l'œil nu – m'intéresse-t-il personnellement ?*

– Nous avons encore beaucoup de trajet à parcourir avant de pouvoir te répondre correctement. Un Univers où rien n'aurait jamais changé depuis l'éternité et qui durerait toujours, comme l'affirmait Aristote, serait un Univers sans histoire. La découverte du mouvement d'ensemble des galaxies – leur éloignement progressif au cours du temps – nous permet d'affirmer que l'Univers a une histoire. Nous allons donc pouvoir ouvrir un nouveau chapitre de notre enquête : nous allons essayer de reconstituer cette histoire. Une histoire, c'est quoi ? C'est la narration d'une suite d'évènements qui ont eu lieu dans le passé. Cela suppose qu'il y ait des faits qui soient arrivés à certains moments, comme la Révolution française pour l'histoire de France ou la bataille des plaines d'Abraham pour le Québec. Ces épisodes influencent ce qui va se produire par la suite. Sans la connaissance de ce passé, on ne peut pas comprendre le présent.

– Alors, les astrophysiciens deviennent comme des historiens ?

– Pour bien illustrer la situation, nous allons plutôt comparer la tâche des astrophysiciens à celle des préhistoriens qui essaient de découvrir le passé de l'humanité. Ils cherchent la façon dont vivaient nos ancêtres. Où habitaient-ils ? Comment arrivaient-ils à se nourrir, à se réchauffer ? Pour répondre à ces questions, les chercheurs font ce qu'on appelle des « fouilles ». Ils vont sur les lieux où se trouvent des traces d'habitations anciennes. Ils recueillent des cendres de brasiers, des outils primitifs en silex taillé, des bois de renne sculptés. Tout cela permet de reconstituer, avec un peu d'imagination, le mode de vie de nos lointains aïeux, d'une façon assez convaincante.

– Oui, je me souviens, l'été dernier, tu nous as emmenés visiter la grotte de Tautavel près de Perpignan. Dans le musée, nous avons vu les reconstitutions de la vie de nos ancêtres, il y a plusieurs centaines de milliers d'années.

– On connaît beaucoup de choses sur le mode de vie des humains depuis l'époque de Tautavel.

Mais, plus on recule dans le temps, plus nos informations sont fragmentaires. On découvre sans cesse de nouveaux sites habités, quelques crânes plus ou moins bien conservés. Et pourtant, il y a encore beaucoup de questions sans réponses.

L'important, quand on veut décrire un chapitre du passé, c'est d'avoir des fossiles provenant de la période correspondante. Sinon, on ne peut rien dire de crédible. J'insiste sur ce point. Il va nous être utile pour notre histoire du cosmos. Cela est vrai aussi bien pour la préhistoire humaine que pour l'histoire du cosmos.

– Ça pourrait être quoi ces fossiles pour l'astronomie ? Il n'y a pas de bois de renne dans le ciel !

– Bien sûr, il ne s'agit plus de pointes de flèches ou de grottes peintes. Ce seront, par contre, des rayonnements émis à certaines périodes de la vie de l'Univers. Ou encore des variétés d'atomes engendrés dans certains évènements cosmiques. Tous ont laissé des traces qu'on peut identifier encore aujourd'hui.

– Je suppose que, comme les fossiles des préhistoriens, ces vestiges du passé vont jouer un rôle de « preuves à l'appui » pour la crédibilité de l'histoire.

– Tu as bien compris. Mais avant de poursuivre cette narration, il me faut parler des travaux d'un certain Albert Einstein.

– *Celui qui tire la langue sur une photo ?*

– Oui. C'est lui. Il a joué un rôle important dans l'ensemble de la physique. Pour l'astronomie, il a obtenu un résultat particulièrement significatif. On peut montrer, par sa théorie de la relativité (formulée en 1917), que si l'Univers est en expansion, alors il doit être aussi en train de se refroidir.

– *Comme un gigantesque frigo ?*

– Effectivement, c'est ce qui se passe dans le moteur d'un frigo. Quand on comprime un gaz, il se réchauffe ; quand on le détend, il se refroidit. On pourrait dire que l'Univers se comporte comme un immense gaz dont les galaxies seraient les particules. Les observations de Hubble montrent que ce gaz est en expansion, et donc qu'il se refroidit. Voilà un deuxième élément de notre histoire. Le premier : notre Univers est en expansion. Le second : il est en refroidissement.

– *Partout ? C'est tout l'Univers qui se refroidit ?*

– Oui, partout à la fois et à l'unisson sur toute l'étendue de l'espace cosmique.

Et maintenant, je te présente un autre personnage important pour notre histoire : le chanoine belge Georges Lemaître. Vers 1930, il a eu l'idée de réunir les observations de Hubble et les théories d'Einstein. (Avant lui déjà, l'astrophysicien russe Alexandre Friedmann avait pensé un Univers en expansion à partir des travaux d'Einstein.) Il en a tiré un scénario du passé de l'Univers. À partir de ce qu'il a appelé « un atome primitif», extrêmement chaud et dense, l'Univers se refroidit et se dilue progressivement. C'est la première version de ce qui deviendra plus tard la théorie du Big Bang. À cette époque, ce scénario n'a pas eu beaucoup de succès dans le monde scientifique. Peu de chercheurs étaient prêts à l'accepter. Quand j'étais étudiant aux États-Unis, on n'en parlait guère au département de physique. Il gênait.

– Pourquoi ?

– Cette image d'une explosion initiale semblait peu adéquate et ne faisait pas très sérieux. Beaucoup de scientifiques étaient persuadés que l'Univers n'avait pas d'histoire. Tout a changé grâce à un astrophysicien russe, Georges Gamow, que j'ai eu la chance d'avoir comme professeur. Une sorte de géant très drôle qui aimait raconter des blagues pendant les cours. Lui n'avait pas peur du scénario de Lemaître. L'idée d'une histoire du cosmos ne le gênait pas. Il ajoutait fort pertinemment : « mais encore faudrait-il avoir des moyens de la tester scientifiquement, d'avoir des preuves ».

– Toujours les fameux fossiles à trouver !

– Oui, c'est bien ça ! Mais où les chercher ? Il a eu l'idée géniale d'utiliser pour cela une propriété bien connue de la matière. Plus une substance est chaude, plus elle émet de la lumière. Dans l'atelier du forgeron, le fer fondu brille dans l'obscurité. Il est d'abord rouge. Si on augmente la température, il passe au jaune puis au bleu. Il remonte les teintes de l'arc-en-ciel et devient de plus en plus brillant.

– Est-ce vrai pour n'importe quelle substance ?

– Oui, pour toutes sans exception. Même la confiture aux fraises, si on la chauffe suffisamment. À l'inverse, un corps qui se refroidit change lui aussi de couleur et devient de moins en moins lumineux. Il s'obscurcit.

Supposons, disait Gamow, que ce scénario du Big Bang ait vraiment eu lieu comme le décrit Lemaître. Prenons-le au sérieux pour le tester. Cela implique que, dans le passé, l'Univers était plus brillant. Alors plus on recule dans le temps, plus la matière du cosmos doit être chaude et lumineuse. Si on remonte suffisamment loin, on doit arriver à un moment où la quantité de lumière est prodigieuse, un « flash » superéblouissant. Tout l'Univers est lumière.

– Mais ce flash lumineux qu'est-ce qu'il est devenu ?

– C'est la question que se posait Gamow vers 1948. Cette lumière a-t-elle complètement disparu du cosmos pendant le refroidissement ? Ou bien en reste-t-il une trace que nous pourrions observer aujourd'hui ? Une sorte de fossile de ces moments glorieux ? Cela nous confirmerait que ce scénario décrit correctement les premiers temps du cosmos.

– Si je te suis bien, si on arrivait à détecter ce rayonnement, ce serait une confirmation du scénario du Big Bang. Est-ce bien comme ça que les choses se sont passées ?

– Gamow a fait quelques calculs. Il est arrivé à la conclusion qu'un tel vestige devait exister encore aujourd'hui sous la forme d'un rayonnement devenu invisible à nos yeux, sous forme d'ondes radio détectables avec un radio télescope. On l'a découvert en 1965, près de vingt ans après la prédiction de Gamow, et tout à fait par hasard. Ce fut un grand moment pour la science et, en fait, pour toute la pensée humaine. On détenait donc une confirmation du scénario du Big Bang. C'est-à-dire le fait que l'Univers a une histoire et que cette histoire est celle d'un refroidissement à partir de très hautes températures, densités et luminosités.

Il y a une leçon à tirer de ce récit, c'est qu'une idée impopulaire peut être juste.

– Je suppose, à l'inverse, qu'une idée populaire peut être fausse ?

– Exactement. L'Univers est ce qu'il est. Il n'a rien à faire de nos opinions. La communauté scientifique a réagi correctement. Maintenant, les astrophysiciens ont adopté dans leur très grande majorité la théorie du Big Bang. Ils la prennent au sérieux et l'utilisent pour remonter aux premiers temps du cosmos.

– *Ils considèrent que c'est la vérité.*

– Ici, il faut faire attention. La science ne dit pas : « C'est ainsi ! » Elle dit : « C'est vraisemblablement ainsi », ou mieux : « Il y a probablement du vrai là-dedans. » Pourtant, il y a encore bien des points obscurs, des problèmes non résolus, des difficultés à élucider. Le scénario du Big Bang reste, pour l'instant, dans ses grandes lignes, la meilleure narration du passé du cosmos.

– *Existe-t-il d'autres « fossiles » de l'Univers primitif ?*

– Il y en a encore plusieurs. En voici un : des « cendres » du Big Bang sont restées parmi nous. Ce sont les atomes d'hydrogène et d'hélium.

– *Qu'est-ce que ces atomes nous racontent ?*

– Ils nous ramènent à une période où l'Univers était âgé d'une minute. Sa température était alors d'un milliard de degrés. Comme dans le Soleil aujourd'hui, des réactions nucléaires ont eu lieu dans tout l'espace cosmique. Elles ont transformé une partie de l'hydrogène initial en hélium *(voir page 25)*. La théorie du Big Bang prévoit que seulement 10 % de l'hydrogène s'est transformé en hélium et 90 % est resté intact. Ces atomes d'hydrogène et d'hélium, on les retrouve aujourd'hui dans les étoiles et les nébuleuses. Leurs quantités respectives sont bien celles que prévoit la théorie. Ces atomes, reliquats du Big Bang, sont des fossiles du passé tout comme le rayonnement fossile. Ils sont les vestiges du grand brasier primordial. Cet accord entre les observations et les prévisions de la théorie du Big Bang est une bonne raison de la prendre au sérieux. Même si, je le répète, la reconstitution de l'histoire pose toujours des problèmes sérieux. Il y a encore place pour beaucoup d'observations et de théories. La prudence est toujours de mise. Ce doit être une constante chez tout scientifique.

Quel est l'âge de l'Univers ?

– Tu m'as expliqué comment on évalue l'âge du Soleil. Est-ce qu'on peut également connaître l'âge de l'Univers ?

– Pour cela, il y a plusieurs façons de procéder. Une première méthode consiste à utiliser les mesures effectuées par Hubble qui nous ont montré que l'Univers est en expansion. Avec nos ordinateurs, nous pouvons construire une simulation numérique de l'Univers. Une sorte de scénario avec lequel on suit sa transformation au cours de l'expansion. Puis on passe le film à l'envers : les galaxies se rapprochent progressivement. On continue jusqu'au moment où elles se juxtaposent. On obtient alors au compteur 13,7 milliards d'années. C'est ce qu'on appelle l'âge de l'Univers.

Une deuxième méthode vient de l'idée que, selon toute logique, l'Univers doit être plus vieux que ses plus vieux habitants. Sinon il y a quelque chose qui cloche et il faut revoir notre copie. Prenons d'abord les étoiles. Dans beaucoup de cas, nous pouvons en estimer l'âge. Par exemple, les Trois Rois Mages, dans la constellation d'Orion, ont environ dix millions d'années. Les belles étoiles bleues des Pléiades, visibles l'hiver près de la Voie lactée (ne pas manquer de les regarder avec des jumelles !) ont environ quatre-vingt millions d'années. Notre Soleil a 4,5 milliards d'années. Un amas globulaire (un gros amas d'étoiles) situé dans la constellation d'Hercule a treize milliards d'années. On a ainsi daté un grand nombre d'étoiles. Or, et c'est cela qui importe, on n'a jamais trouvé une seule étoile dont l'âge dépasse quatorze milliards d'années.

Troisième méthode : on utilise les atomes radioactifs comme l'uranium et le thorium. Il y en a un grand nombre avec des demi-vies différentes. Au chapitre 5 *(voir page 29)*, ils nous ont servi à mesurer l'âge du Soleil. On peut aussi obtenir l'âge de ces atomes eux-mêmes. C'est-à-dire le temps qui s'est écoulé depuis leur formation dans les étoiles. Là, les mesures sont moins précises mais elles concordent bien avec les estimations précédentes. On n'a jamais trouvé d'atomes nettement plus vieux que cet âge de quatorze milliards d'années.

Voilà donc trois mesures obtenues par des méthodes différentes. Pour les galaxies et les étoiles,

les résultats proviennent des télescopes dans les observatoires astronomiques. Pour les atomes, on utilise des compteurs de radioactivité dans les laboratoires de physique nucléaire. On obtient des estimations voisines. Cette cohérence est significative. Si des étoiles ou des atomes plus vieux existaient dans l'Univers, on pourrait les détecter. Jusqu'ici, on n'en a pas trouvé… Cela crédibilise le scénario du Big Bang.

– *Ça me pose un problème. Je vais essayer de te l'expliquer. Quand je suis née, il y a quatorze ans, je suis arrivée dans un monde qui existait déjà. Il y avait mes parents… Quand le Soleil est né, tu m'as dit qu'il y avait déjà des étoiles. Mais qu'est-ce qu'il y avait avant le Big Bang ?*

– Pour te répondre, je vais revenir sur le rôle des fossiles dans une recherche historique. On ne peut parler correctement d'une période du passé que si l'on a des fossiles pour justifier nos assertions. Sinon on ne peut rien dire. C'est un principe général applicable partout.

Ce qu'on appelle l'« âge de l'Univers », c'est simplement le moment avant lequel nous n'avons plus aucun fossile. Plusieurs chercheurs ont proposé des scénarios de l'avant Big Bang. Mais ils n'ont apporté aucune justification, aucune preuve. Cela reste de la pure spéculation. Peut-être que plus tard de nouvelles observations viendront nous permettre de remonter plus loin dans le passé. Affaire à suivre.

Cela ne veut pas dire qu'il ne se passait rien avant ces 13,7 milliards d'années mais seulement que nous n'en savons rien. La distinction est importante. J'aime dire que le Big Bang marque l'horizon de notre connaissance du passé. Ce n'est pas un début, c'est un horizon. Celui qu'imposent les limites de nos observations et de nos théories de la physique.

– Une autre question. Souvent on parle du Big Bang comme d'une gigantesque explosion projetant au loin des matières incandescentes. Cette explosion se passe où ? N'est-ce pas là, à l'endroit de cette explosion que se trouve le centre de l'Univers ? Mais tu m'as dit qu'il n'a pas de centre ? Je ne comprends plus.

– Encore une fois, il faut faire attention aux comparaisons. L'image de l'explosion est à prendre avec beaucoup de réserves. Elle implique l'existence de deux espaces différents. Un premier espace rempli de matières explosives, de la dynamite par exemple, où va se produire la détonation. Et tout autour de ce premier espace, un second grand espace vide où la matière éjectée va se répandre. Tout cela décrit bien les explosions terrestres, entre autres, mais ne s'applique pas du tout à l'Univers. La différence c'est que l'Univers est un seul espace ! Aujourd'hui il est rempli de galaxies qui s'éloignent les unes des autres. Au début c'était un magma incandescent en expansion partout à la fois.

– *Alors, l'image de l'explosion n'est pas vraiment valable ?*

– On ne peut la conserver que si l'on suppose que l'explosion ne part pas d'un point donné de l'espace, mais que chaque point de cet espace gigantesque explose au même instant.

– *Comment imaginer cela ?*

– Il y a toujours cette difficulté de l'imagination quand on considère des dimensions hors de notre réalité habituelle. Mais on finit par s'y faire. Il faut toujours se méfier des représentations imagées en termes de phénomènes familiers.

Sommes-nous seuls dans l'Univers ?

– Regarde dans le ciel étoilé cette lumière qui clignote. C'est un avion de ligne qui transporte des passagers. Essayons d'imaginer ce qui se passe à l'intérieur. C'est l'heure du repas. Une hôtesse pousse un chariot dans l'allée. Elle distribue les plateaux aux voyageurs qui déballent leurs couverts. Tout cela, nous pouvons nous le représenter simplement en suivant des yeux ce point lumineux. Il est pourtant très loin. Vu dans notre ciel, il paraît quitter maintenant la constellation de la Grande Ourse et entrer dans la Chevelure de Bérénice. Nous allons à nouveau faire fonctionner ce jeu de l'imagination, cette fois non pas avec un avion mais avec une étoile du ciel. L'étoile Polaire par exemple : plein nord, toujours fidèle à sa place dans le ciel. Vue d'ici, comme l'avion, ce n'est qu'un point lumineux. On n'a aucune idée de ce qui s'y passe. Cette fois, il te faut ouvrir grandes les vannes de ton imagination ! On peut penser que, comme notre Soleil, elle a des planètes. Approchons-nous. Représentons-nous un lieu où sont assis sur des transats, un grand-père qui montre à sa petite-fille une étoile dans leur ciel. Il se trouve que c'est notre Soleil qu'ils observent en ce moment. Un tout petit point lumineux vu de si loin. Le grand-père dit : « Imagine près de cette étoile une planète appelée Terre sur laquelle un grand-père montre le ciel à sa petite fille. »

– Je regarde l'étoile Polaire et j'aime me représenter tout ça. C'est comme un jeu. Est-ce que tu crois que c'est possible ?

– C'est bien la question qui se pose à nous. Est-ce qu'il y a dans le ciel des gens, peut-être différents de nous, mais qui, comme nous, regardent les étoiles ? Ou bien est-ce que notre planète est la seule à héberger de la vie dans le cosmos ?

– Qu'est-ce que tu en dis, toi, grand-papa ?

– Je n'en sais rien ! C'est une question que les hommes se posent depuis longtemps. Mais à ce jour, nous n'avons aucune preuve qu'il y ait de la vie ailleurs que sur la Terre ! Attention : cela ne veut pas dire qu'il n'y en a pas. Cela est simplement un aveu d'ignorance. Mais comme dit le proverbe : « Absence de preuve n'est pas preuve d'absence. » Simplement on ne sait pas. Il se peut qu'il y ait de la vie autour de ces milliards d'étoiles. Il se peut aussi qu'il n'y en ait nulle part ailleurs que sur Terre.

– *Comment pourrait-on le savoir ?*

– D'abord, il faut définir de quelle sorte de vie nous parlons. Les fourmis, à notre connaissance, ne s'étendent pas sur des transats pour se demander si elles sont seules dans l'Univers.

– *Et pourtant elles sont vivantes !*

– Qu'est ce qu'on appelle la vie ? Ici, sur la Terre, nous en connaissons d'innombrables formes, des bactéries jusqu'aux arbres géants, en passant par les chats, les kangourous, etc. Qu'est-ce que tous ces êtres ont en commun ? Ils naissent, vivent et meurent. Ils se nourrissent. Ils ont des petits et ont bien d'autres activités.

Pour notre discussion de ce soir nous allons parler d'abord d'un cas très particulier. Savoir s'il y a des êtres qui, comme nous, auraient à leur disposition des téléviseurs et qui regarderaient chaque soir les informations.

Sur la Terre, nous émettons des ondes radio depuis un peu plus d'un siècle. À partir de nos antennes, ces ondes se propagent dans l'espace à la vitesse de la lumière. En un siècle, elles se sont donc propagées jusqu'à une distance d'un siècle-lumière, soit un million de milliards de kilomètres.

Dans ce gigantesque espace déjà touché par nos ondes radio, on compte plusieurs milliers d'étoiles. Nombreuses sont celles qui ont des systèmes planétaires. Des antennes situées sur ces planètes pourraient capter nos programmes.

– Je les vois devant leur poste.

– Imagine, sur une planète située à trente années-lumière, des auditeurs qui attendent avec impatience le dernier épisode de *Dallas*, un feuilleton américain émis il y a trente ans…

– Mais s'ils peuvent recevoir nos programmes, nous pourrions aussi écouter leurs feuilletons !

– Sur la Terre, des radioastronomes sont à l'écoute depuis plus de cinquante ans. En utilisant de puissants radiotélescopes, en particulier celui de Porto Rico dans les Antilles (un instrument de plus de cent mètres de diamètre), ils cherchent à débusquer des messages provenant de civilisations extraterrestres.

– Mais pourraient-ils comprendre leur langage ?

– Non, bien sûr. Pourtant il devrait être assez facile de déceler une certaine structuration des sons. On ferait facilement la différence entre des langages parlés et de simples bruits incohérents, des « fritures », comme ce qui vient d'une radio mal réglée.

– Est-ce qu'on a déjà reçu quelque chose ?

– Vers 1967, il y eut un moment de grande excitation. Des *bip... bip... bip...* parfaitement réguliers nous parvenaient d'une direction du ciel. Impossible de les confondre avec de la friture sonore...

– Alors, c'était quoi ?

– Pour connaître la suite du message, les auditeurs se pressaient auprès des antennes. Mais la séquence se poursuivait inlassablement, toujours *bip... bip... bip...*

– Peut-être une personne qui a le hoquet ?

– En fait, il s'agissait d'ondes émises par une étoile en rotation rapide sur elle-même. Son mince faisceau lumineux balayait régulièrement la Terre. Comme un phare au bord de la mer. Toute aussi intéressante que fût cette découverte, elle n'entrait pas dans le programme de la recherche d'une vie intelligente. Il s'agissait d'étoiles appelées « pulsars », d'ailleurs fort nombreuses dans le ciel. Déception !

– Rien de plus ?

– Non. Depuis, nous en sommes toujours là. Aucun message organisé ne nous est parvenu qui laisserait deviner la présence d'une personne.

– Peut-être utilisent-ils des ondes différentes des nôtres ? Des inventions techniques que nous ignorons. Qui sait ?

– Oui. Aussi on a cherché à explorer bien d'autres possibilités. En vain. Beaucoup de programmes d'écoute ont été abandonnés, faute de résultats. Pourtant, plusieurs groupes d'astronomes amateurs poursuivent cette recherche. Ils font analyser les données par des ordinateurs d'internautes bénévoles cherchant l'aiguille proverbiale dans une botte de foin cosmique…

– Pourrait-on savoir s'il existe des planètes lointaines où la vie est apparue, même si personne n'y émet d'ondes radio ?

– Nous avons récemment vécu un évènement important pour cette recherche, c'est la découverte de systèmes planétaires autour d'étoiles autres que le Soleil. Des planètes dites « extrasolaires ». On en connaît maintenant plusieurs centaines. On supposait bien que de telles planètes devaient exister. Mais maintenant on en a la preuve.

– Parmi ces planètes, en existe-il qui ressemblent à notre Terre ?

– Pour l'instant, on découvre surtout de très grosses planètes de la dimension de Jupiter et de Saturne. Simplement parce qu'elles sont plus faciles à détecter que les plus petites comme notre Terre.

– Ces planètes géantes ne pourraient-elles pas être habitables ?

– On ne le croit pas. En tout cas, pas par les formes de vie que nous connaissons ici. Mais il y a toujours la possibilité que notre idée de la vie soit trop étroite. Que d'autres formes de vie, inconnues de nous, existent ailleurs. Quand les Européens sont arrivés en Australie, il y a trois siècles, ils ont découvert une faune et une flore nouvelles, différentes de ce qu'ils connaissaient... des kangourous, des ornithorynques et autres bestioles étranges. Il importe d'avoir l'esprit ouvert.

– Comment pourrait-on savoir s'il existe des planètes extrasolaires où la vie est apparue, même si personne n'y émet d'ondes radio ?

– Il y aurait un indice possible. Il vient d'une constatation faite dans notre Système solaire : notre Terre est la seule planète à avoir une atmosphère d'oxygène.

– Pourquoi nous et pas les autres planètes ?

– C'est précisément parce qu'il y a de la vie chez nous ! Elle s'est manifestée sur notre planète il y a un peu moins de quatre milliards d'années. À cette époque, l'atmosphère était composée surtout de gaz carbonique. Pendant plus de trois milliards d'années, la vie a existé seulement sous la forme de cellules microscopiques comme les algues bleues, dans les nappes d'eau océaniques. Par leur respiration, ces organismes ont peu à peu transformé notre atmosphère. Grâce à ce phénomène, l'oxygène est apparu. Si la vie disparaissait de la Terre, l'atmosphère redeviendrait du gaz carbonique, comme sur Mars et sur Vénus.

– *Est-ce que ça veut dire que si on trouvait une atmosphère d'oxygène sur une planète extrasolaire, on pourrait en conclure qu'elle héberge des êtres vivants ?*

– Sans être une certitude, cela serait une très bonne indication.

– *Pourquoi dis-tu que cela ne serait pas une certitude ?*

– Tu sais, en science, on apprend à être prudent. Il y aurait peut-être une autre explication possible à la présence d'oxygène sur ces planètes. Mais cela serait quand même une découverte formidable ! Nous aurions pour la première fois de bonnes raisons de croire que la vie existe ailleurs que sur la Terre.

La nature est structurée comme une écriture

– Grand-papa, tu me racontes des choses vraiment étonnantes. Comment a-t-on appris tout ça ? Et comment puis-je savoir si c'est vrai ou non ?

– Tu voudrais savoir s'il faut croire ce que les scientifiques racontent ? Pour cela je vais d'abord te dire comment est née la science et comment elle fonctionne.

Depuis très longtemps, les humains observent dans la nature des phénomènes plus ou moins étranges et se posent des questions. Par exemple : Qu'est-ce que le grondement du tonnerre ? Certains prétendaient que c'est la voix d'une divinité en colère et qu'il faut se mettre à genoux pour implorer son pardon. Pourquoi le soleil disparaît-il au moment des éclipses ? Est-il vrai qu'un dragon l'a mangé et qu'il faut accomplir des sacrifices pour qu'il nous revienne ? Est-ce que les eaux des sources sont fraîches parce que des nymphes en préservent la fraîcheur ?

Pourtant de telles réponses ne satisfaisaient pas tout le monde. Il y a un peu moins de trois mille ans, dans la Grèce antique, des hommes cherchaient des réponses plus convaincantes. C'est alors qu'ils décidèrent de ne plus faire appel à des personnages imaginaires pour expliquer leurs observations, mais de chercher dans la nature elle-même, et seulement là, les réponses à leurs questions. Et ils trouvèrent des réponses intéressantes : les éclipses sont causées par le passage de la Lune devant le Soleil ; le tonnerre n'est pas la voix d'une divinité mais un phénomène naturel qui se passe entre les nuages et qu'on expliquera plus tard comme le bruit d'une décharge électrique. Il n'y a rien là de « surnaturel ».

– Pourquoi ces réponses sont-elles meilleures ? Pourquoi sont-elles plus crédibles que les précédentes ?

– Elles le sont si on peut apporter des preuves convaincantes. Car toujours le doute s'impose ! Quelles sont les raisons pour lesquelles je croirais ceci plutôt que cela ? Cette façon de chercher *dans la nature* des réponses aux questions *sur la nature* s'appelle la méthode scientifique. Cette méthode a eu un succès immense. Ainsi sont nées au cours des siècles, la physique, la chimie, la biologie et aussi la géologie et l'astrophysique. Aujourd'hui, plusieurs centaines de milliers de personnes dans de nombreux pays poursuivent cette activité. Grâce à leur travail, nous explorons chaque jour davantage les merveilles de la nature. Les inventeurs de cette méthode méritent qu'on cite leurs noms, en particulier : Anaximandre, Anaxagore et Thalès. Ces hommes sages vivaient dans une petite ville grecque nommée Milet, qui est maintenant en Turquie sur le bord de la mer Égée. Nous leur devons beaucoup.

Imaginons maintenant que l'un d'eux nous revienne du passé. Il nous interroge sur les résultats et les succès de cette méthode, qu'ils ont inventée : « Qu'avez-vous appris que nous ne connaissions pas à notre époque ? » Nous serions tentés de l'amener visiter une grande bibliothèque scientifique où il pourrait voir sur les étagères et lire des millions de livres et de revues. Mais cette démarche serait fastidieuse. Essayons plutôt de lui résumer en peu de phrases les nouvelles connaissances acquises après tout ce labeur.

– Qu'est-ce que tu répondrais, grand-père ?

– Je les résumerais par deux phrases. Voici la première : « La nature est structurée comme une écriture. »

– Il faut que tu m'expliques…

– Regarde bien. Sur une feuille de papier, j'écris la lettre R. Je te demande : « Qu'est-ce que c'est ? »

– *C'est la lettre R.*

– Très bien. Maintenant j'ajoute un O. Puis un U. Puis un G.

– *Et alors grand-papa ? Je ne comprends pas. Où veux-tu en venir ?*

– Attends ! Et maintenant j'ajoute un E.

– *Ah ! je comprends maintenant… Ça fait « rouge », la couleur rouge !*

– Voilà. Il a fallu que je mette toutes ces lettres à la suite pour que dans ta tête apparaisse une image : la couleur rouge. On appelle ça une « propriété émergente ». Le sens du mot a émergé quand j'ai mis les lettres dans le bon ordre. Les mots écrits, comme tu l'as appris à l'école, sont des assemblages de lettres dans un ordre précis. À cet assemblage, un sens est attribué. Les dictionnaires sont faits pour nous indiquer ce sens. C'est comme cela, non seulement en français, mais dans beaucoup de langues de la Terre. Et maintenant nous allons jouer le même jeu avec des mots. J'écris au tableau les quatre mots suivants : « Les coquelicots sont rouges. » J'ai obtenu ?

– *Une phrase !*

– Oui, une phrase qui a elle-même un sens : elle nous indique la couleur des coquelicots. On peut maintenant jouer le même jeu avec les phrases elles-mêmes. Cela va donner des paragraphes. Ensuite, on associe des paragraphes pour obtenir des chapitres, puis des chapitres pour faire des livres, des livres pour remplir des bibliothèques. L'ensemble des bibliothèques du monde contient toutes nos connaissances.

– Oui, j'ai appris ça à l'école. Mais quel est le message à notre visiteur ?

– Nous y arrivons. Nous venons de construire « l'échelle des alphabets ». À l'étage inférieur, il y a les lettres. Au-dessus il y a les mots, puis les phrases, les paragraphes, les chapitres, les livres, les bibliothèques. Comme tu peux le voir, à chaque échelon, les éléments sont construits en associant des éléments de l'échelon en dessous et forment les éléments de l'échelon au-dessus. Et chaque fois qu'on monte d'un échelon, il y a l'idée de propriété émergente.

– Sait-on qui a inventé cela ?

– Cette méthode existe depuis environ cinq mille ans. Elle est née au Moyen-Orient, dans la région de ce qui est maintenant l'Irak et l'Iran. Au départ, elle servait surtout pour la comptabilité et les préceptes religieux et légaux. Par la suite, elle a été importée en Égypte, en Grèce, dans l'Empire romain, puis dans toute l'Europe et en Amérique. En même temps elle atteignait progressivement l'est de l'Asie. Aujourd'hui elle s'est imposée dans le monde entier. Tous les enfants l'apprennent en classe et s'en servent pour communiquer entre eux, soit sur le papier des livres et des journaux, soit par Internet.

– *Je comprends. Mais je ne vois pas encore le sens de ta première phrase : « La nature est structurée comme une écriture. »*

– C'est ce que nous allons voir maintenant.

Les échelons de la nature

– *Alors, grand-papa, vas-tu m'expliquer ce que veut dire « la nature est structurée comme une écriture » ?*

– Je vais te donner des exemples.

Commençons par une substance qui nous est familière et précieuse : l'eau de nos robinets. C'est une molécule composée d'un atome d'oxygène et de deux atomes d'hydrogène. L'eau a des propriétés que n'ont nullement les atomes qui l'ont formée. L'oxygène nous le respirons dans l'air. L'hydrogène nous en gonflons nos ballons. Mais l'eau est différente : nous la buvons. L'eau est comme un mot composé de ces atomes qui sont comme des lettres. Voilà un bon exemple de la ressemblance avec l'écriture. Des éléments simples sont associés pour obtenir de nouvelles substances avec des propriétés émergentes.

Un autre exemple : l'azote est un constituant de notre atmosphère utilisé à l'état liquide par les entreprises de froid artificiel. Assemblons un azote avec trois hydrogènes. Nous obtenons de l'ammoniac, une substance plutôt désagréable à respirer (ça sent l'urine de chat) mais très utile pour la désinfection des chambres d'hôpital.

Encore un exemple : associons deux atomes de carbone avec six atomes d'hydrogène et un atome d'oxygène. Nous obtenons l'alcool de nos boissons : vins, bières, whisky ou vodka. Le patriarche connu pour son arche, le célèbre Noé, a expérimenté une des propriétés émergentes de l'alcool : provoquer l'ivresse alcoolique (Genèse 9,20-9,21) !

Et je t'en donne un dernier. Le sel de table est composé de deux atomes : le chlore et le sodium. Le chlore est une substance corrosive que l'on retrouve, entre autres, dans l'eau de Javel. Le sodium est un métal. Associés, ces deux atomes forment le sel de table (la molécule de chlorure de sodium) que nous ajoutons à notre nourriture pour en rehausser le goût. Toutes ces découvertes nous viennent des chimistes du XVIIIe et XIXe siècles, comme Lavoisier, Priestley et Dalton.

Nous allons maintenant construire une échelle de la nature analogue à l'échelle des alphabets.

– Je suppose que les atomes vont en constituer l'échelon de base comme les lettres pour l'alphabet, et les molécules seront les mots.

– Tu es sur la bonne piste. Cette idée nous vient des philosophes grecs de l'Antiquité. En particulier, Démocrite et Lucrèce. Ils se représentaient les atomes comme de petites billes incassables d'où leur nom « atome » qui veut justement dire en grec « incassable ». Par des associations diverses, ces atomes constituaient, selon eux, toutes les substances de la nature. Au début du XXe siècle, les physiciens ont bâti des accélérateurs de particules, des sortes de scalpels, avec lesquels ils ont pu étudier les atomes. Ils ont découvert alors que, loin d'être incassables, ce sont des objets complexes avec une structure interne. Au centre, il y a un noyau massif composé de protons et de neutrons. Autour de lui, il y a des électrons en orbite. C'est en particulier à Ernest Rutherford que nous devons cette découverte.

– Cela me fait penser au Système solaire avec le Soleil au centre et les planètes autour.

– Cela y ressemble, en effet, mais il y a aussi de grandes différences. Rappelle-toi, il faut toujours être prudent avec les comparaisons. Ces atomes sont, pour la nature, une occasion de jouer à nouveau aux alphabets. Leurs noyaux sont des mots dont les protons sont les lettres. Un noyau contenant sept protons est un noyau d'azote. Huit protons, c'est de l'oxygène. Vingt-six, du fer. Quatre-vingt-deux, du plomb. À chaque nombre de protons correspond un atome de la nature. Il y en a une centaine. L'atome le plus léger

– l'hydrogène – ne contient qu'un seul proton. Le second est l'hélium avec deux protons. Ce sont les plus vieux atomes, les premiers à se former dans l'Univers, pratiquement dans le Big Bang. Ce sont les restes du brasier des premières secondes du cosmos. Les autres atomes, carbone, oxygène, fer, or, etc. jusqu'au plus lourd, l'uranium qui contient 92 protons, se forment dans les étoiles *(voir page 25)*.

– *Mais les protons, eux-mêmes, sont-ils incassables ?*

– Oui, je m'attendais à ce que tu me poses cette question. Je vais te répondre en te racontant un souvenir de mes années d'études. Dans ses cours d'astrophysique, Georges Gamow signalait que le mot « proton » vient du grec « protos » qui veut dire « premier ». Puis il ajoutait : « Maintenant nous avons atteint le bas de l'échelle des philosophes grecs. Les atomes sont cassables mais pas les protons. Ils sont "premiers", ajoutait-il, ils n'ont pas de structure interne. » En réponse à nos questions, il disait : « Oui, je comprends votre scepticisme puisque nous avons réussi à casser les atomes prétendus incassables. Mais cette fois, ça y est : je suis prêt à parier la moitié de ma fortune. Jamais on ne brisera les protons. » Trop intimidés par cet illustre cosmologiste, nous avons eu tort de ne pas accepter le pari. Car Gamow était issu d'une famille très riche…

En effet, quelques années plus tard, la preuve était apportée par des expérimentations astucieuses que les protons (et aussi les neutrons) ne sont pas des particules simples. Ils sont composés de trois « quarks ». C'est à Murray Gell-Mann en particulier, vers 1970, que nous devons la découverte de cet échelon inférieur.

On dénombre six variétés de quarks dans la nature. Les physiciens leur ont attribué des noms de lettres accompagnés de mots imaginatifs, juste pour s'amuser ! Il y a le « u » (pour *up*), le « d » (pour *down*), le « s » (pour *strange* ou étrange) le « c » (pour *charmed*, charmé) le « t » (pour *top* ou *truth*) le « b » (pour *bottom*, fond).

Le proton est composé de deux quarks u et un quark d. Le neutron d'un quark u et deux quarks d. Toutes les combinaisons possibles de ces quarks, soit deux par deux, soit trois par trois (comme des mots de deux lettres et de trois lettres), forment une riche variété de particules dont on a pu vérifier l'existence auprès des grands accélérateurs. Presque toutes ces particules sont instables. Elles se désintègrent et disparaissent en des temps de milliardièmes de seconde ! Le neutron est instable. Lorsqu'il n'est pas intégré dans un noyau, il disparaît en vingt minutes. Le proton est stable.

– Tu me vois venir si je te pose ma nouvelle question : le quark est-il cassable ?

– Après l'épisode des atomes prétendument « incassables » et des protons prétendument « premiers », nul ne s'aventurerait aujourd'hui à affirmer que nous avons enfin atteint l'échelon du bas, celui où se trouveraient les particules qui seraient l'analogue des lettres et que nous appelons « particules élémentaires ». Pour explorer cette question, il faut des scalpels encore plus puissants. Récemment à Genève, un grand accélérateur formé d'un tube de vingt-sept kilomètres de circonférence et enfoui à cent mètres sous terre, a été mis en opération pour scruter toujours plus avant la structure de la matière. Peut-être nous en apprendra-t-il plus sur la nature des quarks ? Pour l'instant, nous ne pouvons rien affirmer faute de preuve sous forme d'observations appropriées.

– *Mais tu ne m'as pas parlé des électrons ?*

– La situation est la même que pour les quarks. Nous n'en savons rien. Pour construire notre échelle, nous allons supposer provisoirement que les quarks et les électrons sont des particules élémentaires. Qu'ils se situent au premier échelon. Résumons-nous. Nous avons exploré trois échelons. Les quarks, au premier échelon, sont les « lettres » ; les protons et les neutrons, au deuxième échelon, sont les « mots » des noyaux atomiques ; et les atomes, au troisième échelon – formés de ces noyaux et de ces électrons – constituent les « phrases » des molécules.

– Et qu'est-ce qu'on trouve aux échelons supérieurs ? Des êtres vivants, je suppose, fabriqués de molécules ?

– Oui, nous arrivons à l'échelon des cellules vivantes. On peut en voir de nombreuses variétés avec un simple microscope. Par exemple, dans une goutte d'eau extraite d'un pot où des fleurs ont séjourné longtemps, des myriades de petits organismes s'y meuvent dans tous les sens. Or, et cela nous intéresse particulièrement, les biochimistes nous ont appris que ces petites cellules sont des associations de molécules, comme les protéines et l'ADN. Chaque molécule joue à l'intérieur de la cellule un rôle précis pour inscrire les instructions du code génétique, ou encore dans l'activité cellulaire responsable de la fabrication des diverses hormones.

– Mais alors, grand-papa, on vient de gravir un nouveau barreau de notre échelle ?

– Tu as raison. Et, maintenant, nous allons encore franchir un nouvel échelon dont les cellules elles-mêmes sont les éléments. Ces petits organismes vont s'associer pour former les plantes et les animaux, y compris notre propre corps. Une sorte de fédération dans laquelle chaque cellule met ses capacités au service de l'ensemble. Nous devons cette découverte au chimiste allemand Theodor Schwann, qui écrivait vers 1860 que « la cellule est l'unité de base du règne animal et du règne végétal». Certaines cellules captent la lumière du Soleil pour fournir de l'énergie à l'organisme. D'autres servent à digérer la nourriture. D'autres encore à faire des enfants. Ton corps, comme celui de tous les animaux et de toutes les plantes, est composé de cellules. Les globules rouges du sang transportent l'oxygène que tu respires aux neurones de ton cerveau et te permettent de me parler. Dans tes yeux, des cellules recueillent la lumière et transmettent les images à ton cerveau. Grâce à l'activité combinée de ces myriades de cellules – tu es vivante !

– Grand-papa, y a-t-il encore d'autres échelons au-dessus des précédents ? Des associations d'organismes vivants ?

– Prenons, par exemple, le cas d'une ruche d'abeilles. Chaque abeille s'y voit assigner une fonction : aller cueillir le pollen des fleurs, chasser les intrus, contrôler la température. Ici, ce sont les abeilles qui sont les éléments de base, et la ruche fonctionnant harmonieusement en est le résultat.

– Comme les fourmilières et les termitières.

– Oui, mais on peut aussi penser à un orchestre qui joue une symphonie de Mozart avec des musiciens et des instruments différents : des violons, des altos, des violoncelles, des flûtes, des hautbois, des clarinettes, des bassons, etc. Au concert, la musique qui te réjouit est la propriété émergente de l'ensemble des performances des musiciens sous la baguette du chef d'orchestre.

Autre exemple : les explorations de la Lune. Pour préparer les fusées et les sondes, pour entraîner les astronautes, des centaines de milliers de personnes ont uni leurs efforts dans un but précis : débarquer sur notre satellite. Aucune personne ne peut d'elle-même accomplir cet exploit. C'est encore une illustration de propriétés émergentes provenant de l'association d'éléments variés.

Je vais maintenant résumer la situation en prenant à nouveau comme exemple ton propre corps, celui que tu douches ou plonges dans la piscine et que tu touches de ta main. En dernière analyse, il est composé de quarks et d'électrons. Il y en a beaucoup ! Environ cent milliards de milliards de milliards (100 000 000 000 000 000 000 000 000 000). Un avec vingt-neuf zéros. Cela varie un peu selon le poids mais pas beaucoup… Maintenant ferme les yeux et dis-toi : « J'existe. » Ouvre les yeux et dis : « Le monde existe autour de moi. » Tu réalises alors une prouesse fantastique, parmi les plus extraordinaires réussites de l'Univers. Pour que tu arrives à prendre conscience de ton existence et de celle du monde autour de toi, il faut que cent milliards de milliards de milliards de quarks et d'électrons, agencés dans une structure d'une complexité inouïe, jouent chacun un rôle précis.

Comme dans une horloge où chaque rouage doit fonctionner correctement, tes quarks et tes électrons sont à leur place pour te permettre d'agir: lire, te concentrer, dormir quand il le faut.

Voilà donc le sens de ce premier message à notre visiteur extraterrestre. Voilà le sens de la phrase «La nature est structurée comme une écriture.» Elle résume à la fois ce que nous a appris:

1. La physique: l'association des quarks en protons et neutrons et de ceux-ci en noyaux atomiques, l'association avec des électrons pour former des atomes;
2. La chimie: l'association des atomes en molécules;
3. La biochimie: l'association des molécules en cellules;
4. La biologie: l'association des cellules en organismes vivants.

Chacune de ces sciences devient un chapitre de l'organisation de la matière dans l'Univers.

Le second message pour notre invité venu de Milet provient, lui, de l'astronomie. Il dit ceci: «L'échelle de la complexité s'érige au cours du temps.» Nous y viendrons dans notre prochaine causerie.

Pascal et le haut de l'échelle

– Tu m'as raconté l'histoire de l'Univers depuis le Big Bang. Tu m'as parlé des atomes, des molécules, etc. Il te reste à m'expliquer l'apparition de la vie. C'est ma partie préférée. Je voudrais que tu me parles de l'histoire de mon chat Coquecigrue. À quel moment il arrive dans cette histoire ?

– Encore un peu de patience ! Nous avons déjà gravi cinq échelons de notre échelle. Au sixième échelon, nous trouvons les cellules vivantes : les algues bleues, les jolies diatomées et toutes ces petites bestioles que nous découvrons dans l'eau des bouquets fanés. Nous aimerions bien savoir à quelle date elles apparaissent dans l'Univers.

– Là, il semble y avoir un problème, car si je t'ai bien suivi, nous ne savons pas s'il y a de la vie ailleurs que sur la Terre.

– Oui, tu as raison. La poursuite de notre histoire n'est possible que sur notre planète. Pour le reste du cosmos, nous ne savons rien.

– Donc, nous revenons dans notre Système solaire. Tu m'as expliqué que le Soleil et ses planètes sont nés il y a 4,5 milliards d'années. J'en conclus que la vie terrestre doit forcément être plus récente. Qu'en savons-nous ?

– D'après nos connaissances géologiques, à sa naissance, la Terre était une boule de lave incandescente à une température de plus de mille degrés Celsius. Aucune vie n'y était possible. L'eau ne pouvait y exister que sous forme de vapeur. Aucun organisme n'aurait pu vivre dans ces conditions.

– Tu parles, bien sûr, de la vie telle que nous la connaissons.

– Tu as raison de faire cette remarque. Pourtant, nous savons que quelques centaines de millions d'années plus tard, la Terre s'était refroidie, la vapeur d'eau s'était condensée et des multitudes de petits organismes fourmillaient dans les nappes liquides.

– Qu'est-ce qui s'est passé entretemps ?

– Personne ne le sait vraiment. Quand Louis Pasteur, au XIXe siècle, a prouvé que, contrairement à ce qu'on croyait auparavant, la vie n'apparaît pas d'elle-même, il nous a laissés avec un grand problème. Si la « génération spontanée » ne se poursuit plus aujourd'hui, comment s'est-elle produite au départ ? Comment des molécules qui nageaient dans les eaux ont-elles pu s'agencer de façon à former un organisme capable de se nourrir et de se reproduire ? Cela reste un des plus grands mystères de la science contemporaine.

– On n'a aucune idée ?

– On en a quelques-unes, mais aucun scénario satisfaisant n'existe à ce jour. L'important pour nous, c'est que, quelle que soit la séquence des épisodes qui ont abouti à ce résultat, la vie est apparue et nous en sommes une preuve. Nous sommes tous les descendants de ces petits êtres qui pullulaient dans l'océan primitif. Pour la suite de notre histoire, nous reconnaissons là des termes qui nous sont familiers. Ici, les éléments de base sont les molécules qui composent ces organismes, et la propriété émergente, c'est simplement la vie !

– La vie ! Quel prodigieux évènement ! Est-ce qu'on sait à quelle date elle est apparue ?

– Il y a plus de trois milliards d'années et moins de quatre. Même cela est encore incertain. Les plus vieilles traces de vie existent en Australie et au Groenland. Il s'agit d'organismes microscopiques dont les squelettes accumulés après leur mort forment de grandes structures d'apparence rocheuse. En géologie, elles portent le nom de stromatolithes.

– Tu m'as bien dit que ce sont elles qui, en respirant, ont fait apparaître l'oxygène que nous respirons ?

– Ces petites structures se sont multipliées au point d'avoir une influence à l'échelle de la planète elle-même. Sous l'action de la lumière, elles ont été capables d'utiliser le gaz carbonique pour faire de l'oxygène. Elles ont permis aux vivants de se développer avec une plus grande efficacité. Elles ouvraient la voie à une évolution accélérée. Sans elles, nous n'existerions pas. Mais il faudra attendre encore près de trois milliards d'années avant de grimper le prochain échelon.

– Sur la Terre ! Ailleurs, cela a pu être différent.

– Peut-être... nous n'en savons encore rien ! Il y a un peu moins d'un milliard d'années, un nouveau chapitre de la vie terrestre commence. On voit apparaître des êtres dans lesquels on reconnaît l'association de plusieurs cellules différentes. Au cours d'une lente évolution naissent les poissons, les amphibiens (qui vont sortir de l'eau, comme les grenouilles), les reptiles, les oiseaux, les mammifères dont les singes, les hominidés et... nous.

– Enfin mon cher Coquecigrue !

– Plus exactement, ses ancêtres les félins... parmi d'autres mammifères.

– *Maintenant ce sont les cellules qui sont les éléments de base ?*

– On en dénombre environ deux cents variétés différentes, chacune ayant sa propre spécialité. Chez nous les humains, les neurones, qui sont les cellules du cerveau, jouent des rôles extrêmement importants. Ils nous donnent la possibilité de penser et de poser des questions. Notre intelligence est une propriété émergente de cette association.

– *Fermer les yeux et prendre conscience de ma propre existence, comme tu le suggérais ?*

– Cette prouesse extraordinaire n'est possible que depuis bien peu de temps par rapport à l'âge de l'Univers. Quelques millions d'années par rapport à quatorze milliards.

– *Pourquoi cela a-t-il été si long ?*

– Il fallait beaucoup de temps d'abord pour que les étoiles qui forment les atomes naissent, vivent et meurent. Ensuite, pour que des planètes solides se forment, où l'eau puisse se déposer. Et, enfin, parce que l'évolution biologique est lente, de l'amibe aux êtres doués de pensée. Tout cela se compte en milliards d'années !

– *Y a-t-il encore d'autres échelons sur notre échelle ?*

– Rappelle-toi le cas de la ruche : chaque abeille, avec sa fonction particulière, participe au résultat harmonieux de son environnement. De même pour l'orchestre symphonique, dont nous avons déjà parlé *(voir page 84)* : les différents instruments sont coordonnés par les signaux du chef d'orchestre pour produire un résultat unique, par exemple, la *Symphonie n° 9* de Beethoven.

– *Ton second message à notre philosophe de l'Antiquité, « la pyramide de la nature s'érige au cours du temps », me conduit à me poser une question. Y aurait-il d'autres étapes dans le futur ? Pour l'ascension des échelons, tu as donné des dates dans le passé. Le dernier, celui des organismes, date de moins d'un milliard d'années. Celui des sociétés animales et humaines est encore beaucoup plus récent. Difficile de penser que l'histoire est terminée.*

– J'aime que tu te poses ce type de questions. J'y ajouterai celle-ci : les premières cellules, apparues il y a plus de trois milliards d'années par l'agencement de molécules au fond des océans, auraient-elles pu se douter (façon de parler) qu'elles se retrouveraient unies en organismes vivants ? De même que l'organisation de la matière dans l'Univers, l'ascension de la complexité se poursuit depuis quatorze milliards d'années et personne ne sait ce que l'avenir nous réserve.

Pour mettre en relief les deux messages que nous donnerons à notre personnage venu de Milet, nous allons convier ici un homme qui a beaucoup réfléchi sur ces questions. C'est Blaise Pascal, un philosophe du XVIIe siècle. Tu connais sa fameuse phrase : « Le silence éternel de ces espaces infinis m'effraie. »

– Oui, j'ai appris cela à l'école. Je ne suis pas certaine de comprendre vraiment ce qu'elle veut dire.

– Pascal écrit cette phrase quelques décennies seulement après les recherches de Galilée. Il sait maintenant que la Terre, loin d'être le centre de l'Univers comme on le croyait volontiers jusqu'alors, est une petite planète perdue dans un espace gigantesque. Cette découverte de l'immensité de l'Univers lui donne le vertige. Il se sent perdu dans ces dimensions qui lui semblent totalement étrangères, totalement indifférentes à son existence.

– Tout ce que tu m'as appris sur l'Univers, lui, ne le sait pas. Que pourrions-nous lui dire pour le rassurer ?

– On dirait à Pascal que, si l'Univers n'avait pas les dimensions gigantesques et le grand âge que nous lui connaissons maintenant, il n'aurait jamais pu écrire ces mots. Que sa naissance n'aurait jamais eu lieu si l'Univers avait les dimensions étriquées et l'âge de six mille ans qu'on lui supposait à partir des textes bibliques. Voilà notre message à Blaise Pascal !

Les tables de pierre

– Ce soir, j'ai une grande question pour toi. Tu m'as raconté l'histoire de l'Univers. J'ai compris qu'au cours du refroidissement du magma initial incandescent, des structures de plus en plus complexes se sont successivement formées. Et qu'en fait, je dois aux étoiles les atomes et les molécules de mon corps.

– Oui, nous vivons dans un Univers où des choses merveilleuses se produisent. Non seulement la vie s'est épanouie, mais elle a fait naître la musique de Mozart et la poésie de Verlaine.

– Je ne peux pas m'empêcher de te demander si ça ne suppose pas qu'il existe, pour avoir conçu tout cela, un grand architecte, ou un programme, comme en informatique ? Et donc un programmateur ?

– La question se pose tout naturellement à chacun de nous. Je vais l'aborder par le biais de deux autres questions. Elles ont en commun le fait que nous n'avons aucune réponse à leur donner.

– Mais alors, pourquoi les poser ?

– Justement parce que le fait, d'une part de reconnaître leur existence, et d'autre part d'avouer notre ignorance, sont des étapes importantes dans notre réflexion. La première question semble toute naïve, mais ne l'est nullement. Nous la devons au philosophe Leibniz : « Pourquoi y a-t-il quelque chose plutôt que rien ? »

– On pourrait répondre que s'il n'y avait rien, personne ne poserait cette question !

– Certes ! Cependant, à l'évidence, il y a « quelque chose ». C'est un fait. Mais à la question « pourquoi ? », nous n'avons pas de réponse. Nous allons donc admettre notre ignorance ! Et nous partirons de ce constat pour poser la seconde question.

– Et quelle est-elle ?

– La voilà : pourquoi ce « quelque chose », qui se présentait au début du cosmos comme un chaos indifférencié, s'est-il progressivement structuré au lieu de rester chaotique ? La question se pose à la lumière de nos connaissances scientifiques, et en particulier à partir de l'éclairage que donne la théorie du Big Bang comme scénario crédible de l'histoire de l'Univers.

– Est-ce que la science nous donne des réponses ?

– Oui, en un sens. Elle nous dit que c'est grâce à l'existence de ce que nous appelons les « forces » de la nature et des « lois » qui les régissent que les structures ont pu émerger. Il y a la force de gravité pour les planètes et les étoiles, la force électromagnétique pour les atomes et les molécules, les forces nucléaires (il y en a deux) pour les protons et les noyaux atomiques. Ces forces, nous les connaissons bien. Leurs propriétés sont mesurées avec précision dans nos laboratoires de physique.

– *Oui, je comprends. Mais il me semble que tu ne fais que reculer la question : si je te demande pourquoi* il y a *des forces plutôt que* pas *de forces de la nature, que réponds-tu ?*

– Tu as tout à fait raison. Même si on trouvait une réponse, on pourrait répéter la question : « Mais pourquoi cette réponse ? » Et ainsi de suite ! La chaîne des « pourquoi ? » et des « parce que » serait sans fin. À nouveau nous allons faire ici un constat d'ignorance. Nous allons dire : il y a des forces et ce sont elles qui permettent la structuration de la matière. En résumé, nous ne savons pas pourquoi il y a « quelque chose » plutôt que rien, et pourquoi il y a des forces – plutôt que pas de forces – qui ont permis au « quelque chose » de se structurer et, en particulier, de donner naissance à toi, à moi, à tes parents et à tes cousins et cousines…

– Tu as dit que nous connaissions bien ces forces ?

– Pour te les présenter, nous allons faire un détour par l'histoire des sciences. Avant les travaux de Galilée et de Newton, au XVIIe siècle, l'image du cosmos généralement acceptée dans le monde scientifique était celle d'Aristote. Pour lui, l'Univers est composé de deux parties différentes : celle qui est en bas (en dessous de la Lune) et celle qui est en haut (au-dessus de la Lune). En bas, c'est notre monde terrestre fait d'une matière corruptible, soumise au changement : le bois pourrit, le métal rouille, les montagnes s'érodent, les vallées se remplissent. En haut, il y a les astres, le Soleil, les planètes, les étoiles, constitués d'une substance pure, incorruptible, éternellement inchangée, pareille à elle-même.

– Pourquoi la Lune est-elle mise à la frontière entre les deux mondes ?

– Pour les Anciens, la Lune a un double statut. À la fois elle change (les différents croissants) et elle ne change pas puisque, comme les étoiles, elle revient régulièrement aux dates prévues. Puis, Galilée observe le ciel avec sa lunette. Il découvre les satellites de Jupiter, les croissants de Vénus et les montagnes de la Lune. Il en conclut qu'il n'y a pas deux mondes mais un seul monde. Et c'est quelques décennies plus tard qu'intervient l'histoire légendaire d'Isaac Newton. Un soir de clair de Lune, il voit une pomme tomber d'un pommier. Cela le plonge dans des abîmes de réflexion. À partir de là, il va démontrer que c'est la même force – la gravité – qui fait tomber les pommes et qui fait tourner la Lune autour de la Terre et les planètes autour du Soleil. Ces forces sont les mêmes sur la Terre et dans le Système solaire. C'est la naissance de l'astrophysique.

– Est-ce vrai partout ? Même pour les galaxies les plus lointaines ?

– La réponse à ta question a été obtenue au XXe siècle, avec la mise en service des grands télescopes. On recueille la lumière émise par des atomes d'oxygène situés dans des astres distants de milliards d'années-lumière. On compare des photons qui voyagent depuis des milliards d'années avec des photons émis par une source d'oxygène dans le laboratoire. On découvre alors que les « vieux » photons provenant de la galaxie obéissent, avec une très grande précision, aux mêmes lois que les « jeunes » photons de la lampe… Ces expériences, ainsi que plusieurs autres, montrent que les lois qui régissent les propriétés des forces de la nature sont les mêmes partout, dans l'espace et dans le temps. Ajoutons que s'il en était autrement, si les lois changeaient selon les lieux et les temps, l'étude du cosmos serait singulièrement plus difficile. On peut considérer cette uniformité comme une magnanimité de mère nature pour les pauvres scientifiques qui s'évertuent à essayer de la comprendre !

– Pourtant, il me semble qu'il y a là un problème. Tu m'as montré que nous vivons dans un Univers en continuel changement, et maintenant tu me parles des lois qui ne changent pas.

– Oui, ce paradoxe est bien réel. Autant le scénario du Big Bang est maintenant confirmé, autant l'universalité des lois est également bien établie. Résumons-nous. Nous nous sommes demandé pourquoi la matière magmatique de l'Univers primordial s'est organisée en structures à toutes les échelles de dimension, pourquoi les échelons se sont progressivement peuplés ? Réponse : parce qu'il y a des forces qui s'exercent sur les particules et les conduisent à se structurer. Nous avons découvert que les lois qui gouvernent ces forces ont une particularité remarquable : elles sont les mêmes partout et toujours, alors que tout change dans le cosmos.

– Cela me fait penser aux tables de pierre de Moïse, celles où dans le récit biblique sont gravés les dix commandements. Sur quelles « tables » les lois de la nature seraient-elles inscrites pour être aussi permanentes ? Encore une question sans réponse.

– Ces lois n'ont pas fini de nous étonner. Voici

une découverte plus récente à laquelle personne ne s'attendait quand on a commencé à étudier le cosmos. Les observations et les modèles théoriques de l'Univers montrent que ces lois ont exactement les propriétés qu'il faut pour permettre l'apparition de la vie.

– Tu veux dire que si elles étaient différentes, la vie n'aurait pas pu apparaître ? Comment peut-on prouver cela ?

– Les ordinateurs sont ici d'une grande utilité. On simule par calcul ce qui se passerait dans un Univers soumis à des lois différentes. Ce qu'on appelle des « univers jouets ». Chaque univers est soumis à un ensemble de lois qui sont, en quelque sorte, la recette de son pudding. On suppose au départ un magma extrêmement chaud, dense et lumineux comme dans le modèle du Big Bang. On laisse refroidir en observant ce qui se passe. On retrouve bien dans chaque, dans l'Univers jouet comme dans l'Univers réel, un refroidissement, une dilution et un obscurcissement de la matière cosmique. Mais, et tout est là, il y a des différences importantes selon la recette choisie au départ.

Dans la grande majorité des cas, la vie, telle que nous la connaissons, ne peut pas y advenir. Il y a des cas où aucune galaxie, aucune étoile, aucune planète n'arrive à se condenser à partir de la purée initiale. Pas de planètes solides où l'eau liquide peut se déposer pour permettre à la vie de naître. En d'autres cas, toute la matière se fragmente et se contracte rapidement. Il se forme alors une population d'astres très denses qui n'émettent pas de lumière (les trous noirs). Pas de soleil et pas de système planétaire. Ou bien l'hydrogène est transformé entièrement en hélium dès les premières minutes (notre troisième échelon) et aucune eau ne peut se former plus tard pour héberger les premières cellules vivantes (notre cinquième échelon). Soit il y a trop peu de carbone, un atome de première importance pour la biochimie. Dans de nombreux cas, il n'y aura aucune étoile de durée suffisante pour que la vie puisse apparaître et évoluer dans son système planétaire.

– Tu me dis que les lois de la physique dans notre Univers ont précisément les propriétés requises pour l'apparition du questionneur. Ce qui est sûr, c'est que si cela n'était pas le cas, on ne serait pas là pour en discuter… il n'y aurait personne ! Autrement dit, nous (notre Univers) avons gagné le gros lot ! Ou encore, nous avons eu du « pot » !

– La communauté scientifique est fort divisée autour de ce thème. Certains ne voient là qu'une banalité sans intérêt. D'autres, au contraire, considèrent que cette information est importante. Comme on peut s'y attendre, les sensibilités philosophiques et religieuses jouent un rôle dans la nature des réactions personnelles.

– *Et toi, grand-père, qu'en penses-tu ?*

– Je ne peux pas m'empêcher de penser qu'il y a là quelque chose de profondément intéressant mais qui nous échappe complètement. Nous allons y revenir en parlant des univers parallèles.

Le multivers

– Mes amis, qui savent que nous parlons tous les deux, s'intéressent à ce qu'on appelle des univers parallèles. Existe-t-il d'autres univers comme le nôtre, mais complètement séparés du nôtre ?

– On parle beaucoup de cette possibilité dans les milieux scientifiques. Selon certains auteurs, notre Univers ne serait qu'un cosmos parmi des myriades d'autres. L'ensemble de ces univers est communément appelé « multivers ».

– Qu'en penses-tu ?

– Tout est possible, bien sûr. Affirmer qu'il n'y aurait aucun autre univers que le nôtre ne me paraîtrait pas très scientifique. Le problème c'est que nous n'avons, pour l'instant, pas la moindre preuve, même indirecte, de l'existence ne serait-ce que d'un seul autre univers. En science, on accepte les idées nouvelles mais en échange on demande des preuves, des confirmations par des observations appropriées. Sinon c'est de la science-fiction.

– Tu as dit l'autre jour « absence de preuve n'est pas preuve d'absence ».

– C'est bien vrai. C'est pourquoi je reste ouvert à la question. Il y a cependant une argumentation adoptée par plusieurs astrophysiciens qui semblerait justifier l'idée de l'existence de ce « multivers ». Revenons à notre propre Univers et à l'ensemble des lois qui le régissent. Plus particulièrement à la constatation que ces lois ont exactement les propriétés requises pour permettre l'apparition de la vie et de la conscience.

– Oui, mais je ne vois pas le rapport avec le multivers ?

– Imaginons maintenant que dans ces multivers, chaque univers soit soumis à des lois différentes (une recette différente du pudding). Résultat : ceux qui n'ont pas notre recette, que nous appellerons la « recette fertile », se refroidissent, se diluent, s'obscurcissent comme chez nous mais restent stériles. Soit qu'aucune étoile de longue durée n'ait pu s'y former, soit que l'hydrogène ait complètement fusionné en hélium, et qu'en conséquence, aucune molécule d'eau n'ait pu se constituer.

– Et alors ? Quelle serait la conclusion ?

– Dans ce contexte, ces chercheurs disent : « Si nous sommes en mesure de poser des questions, c'est simplement parce que parmi tous ces univers, nous vivons dans un Univers fertile. » Ainsi, pour eux, tout s'explique simplement... et cela justifie la croyance en un multivers.

– Tu m'as bien dit que nous n'avons aucun moyen de savoir si ces univers existent en fait.

– Pour l'instant, non ! Peut-être la situation changera-t-elle et peut-être arriverons-nous à les débusquer plus tard avec de nouveaux instruments ? Mais en attendant, nous ne disposons d'aucun moyen de vérification de leur existence ou de leur non-existence.

– Dis-moi si j'ai bien compris. Les croyants du multivers disent : « S'il existe d'autres univers et si ceux-ci obéissent à des lois différentes des nôtres, nous n'avons plus de raison de nous étonner de la fertilité du nôtre. Notre Univers n'est qu'un cas parmi une infinité d'autres et ne se distingue que par le fait d'avoir des lois fertiles. »

– Oui, c'est bien le propos.

– C'est joli comme argumentation mais il me semble que cela fait beaucoup de « si » !

– Oui, je suis d'accord avec toi. Trop de « si » à mon goût. Mais, si on met en doute l'existence du multivers, que nous reste-t-il pour interpréter le fait que les lois du cosmos sont précisément celles qu'exigent la croissance de la complexité et l'avènement de la conscience sur la Terre (et peut-être sur d'autres planètes) ? Telle est la situation à laquelle nous sommes confrontés aujourd'hui. Je n'ai pas de réponses.

Il importe, je pense, de garder l'esprit ouvert. Il vaut mieux accepter que des questions restent sans réponses plutôt que d'adopter des solutions insatisfaisantes. Sinon on risque de fermer des portes qui pourraient ouvrir sur des perspectives prometteuses. Les observations qui ont amené à constater que les lois de la physique sont bien adaptées à l'émergence de la vie et de la conscience n'auraient pas livré leur message potentiellement intéressant. Ça aurait été dommage…

L’horloge et l’horloger

– Tu m’as beaucoup parlé du cosmos. Tu m’as décrit l’organisation de la matière. Tu m’as signalé que les lois du cosmos étaient précisément celles qui peuvent assurer cette organisation. Alors qui a conçu ces lois ? Une si belle réalisation doit bien avoir un inventeur ?

– C’est un domaine où la plus grande prudence s’impose. Nous sortons du domaine de la science pour entrer dans le domaine de l’interprétation des faits. En science, on a des preuves. Ici, on ne peut rien prouver. On ne peut que formuler des opinions à titre personnel. Pour commencer, je vais te raconter une histoire.

Dans le passé lointain, bien avant les grandes explorations et les photos prises avec les satellites, les gens se posaient des questions sur la forme de la terre : « Est-elle plate ou est-ce une boule ? » Certains disaient : « Il est impossible qu’elle soit comme une boule parce que, dans ce cas, ceux qui habitent de l’autre côté de la boule auraient la tête en bas. Ils tomberaient dans le vide. » Ce raisonnement semblait tout à fait logique, mais il est faux. La Terre est ronde et les Australiens ne tombent pas ! Où était l'erreur ? C'est dans le sens du mot « en bas ». Le « bas », nous le savons maintenant, est toujours dirigé vers le centre de la Terre, où que l'on soit sur la planète. Mais, à cette époque, on ne le savait pas. Cette ignorance faussait la conclusion.

Cette histoire illustre une considération importante : nous raisonnons à partir de ce que nous connaissons. Elle nous montre le danger qu'il y a à étendre nos raisonnements à toutes les dimensions. Nos arguments sont valables à l'échelle de notre science à un moment donné. Et quand de nouvelles connaissances arrivent, nos raisonnements doivent s'y adapter. C'est Voltaire qui disait : « je ne puis songer que cette horloge existe et n'ait point d'horloger ». Ce raisonnement est valable à l'échelle des horloges et des horlogers. Mais, tu l'as compris, peut-on dire que l'Univers est comme une horloge ? Il faut toujours se méfier des comparaisons. Qu'est-ce qu'une horloge ? C'est un mécanisme composé de rouages multiples. À l'époque de Voltaire, vers 1750, on vient de découvrir la structure du Système solaire avec ses orbites planétaires. On comprend que Voltaire le compare à une horloge. Il étend son raisonnement à l'Univers entier au sujet duquel, à cette époque, on ne connaît pas grand-chose. Aujourd'hui, la physique contemporaine nous donne une image autrement plus complexe et mystérieuse de la réalité. On n'a pas fini d'approfondir les énigmes que pose la physique des atomes. On ne sait plus très bien ce qu'est la réalité.

– Cela veut-il dire qu'on doit abandonner l'idée d'un grand architecte ?

– Je ne sais pas. C'est une question que je me pose depuis longtemps. Une chose est claire, la réponse de Voltaire est nettement insuffisante. Mais que mettre à la place ? Je vois ton petit chat Coquecigrue qui dort sur tes genoux. Tu m'as dit un jour qu'il est très intelligent.

– Oui, il m'épate. J'ai parfois l'impression qu'il pense.

– Pourtant il ne te viendrait pas à l'idée de lui enseigner la géométrie, par exemple.

– Non, évidemment. Il ne pourrait pas comprendre !

– Tout comme la géométrie est hors de la compréhension de ton petit chat, je suis souvent tenté de penser que ces questions du projet de l'Univers sont hors de portée de notre compréhension. Elles échappent à l'activité de notre cerveau. Malgré toutes les avancées de la science contemporaine, l'Univers nous reste profondément mystérieux. Peut-être le restera-t-il indéfiniment. Je pense qu'il faut se préparer à cette situation. Mais qui sait ?

Qu'est-ce qu'un trou noir ?

– J'entends beaucoup parler des trous noirs. Existent-ils vraiment ? Y en a-t-il dans le ciel au-dessus de nos têtes ? Et, d'ailleurs, s'ils sont vraiment noirs, on ne devrait pas les voir !

– La réponse est oui, il y a des milliards de trous noirs. Des grands comme le Système solaire, des petits de la taille du Mont-Blanc et peut-être des plus petits encore. En fait, le mot « trou » n'est pas bien choisi. Ce ne sont pas des trous mais des astres assez étranges. Pour t'en parler, je vais d'abord te proposer une fiction. Imagine que cette nuit un génie gigantesque s'approche de notre Soleil et entreprenne de le compresser entre ses immenses mains. Imagine que notre étoile, qui mesure près d'un million de kilomètres de diamètre, se trouve réduite à seulement trois kilomètres.

– Que se passerait-il ?

– Demain, pas de lever de Soleil, il serait invisible !

– *Pourquoi ?*

– Parce qu'il serait devenu si dense, si compact, que sa lumière ne pourrait plus s'en échapper. Elle retomberait sur lui comme l'eau des fontaines.

– *Qu'est-ce qui l'empêcherait de s'en aller ?*

– L'attraction de la matière tellement comprimée ! Exactement comme l'attraction de la Terre empêche les cailloux que tu lances de quitter notre planète. Un trou noir, c'est un astre si compact que rien ne peut s'en échapper. Même la lumière y revient ! Tout ce qui tombe sur lui n'en ressort jamais. C'est une sorte d'aspirateur géant.

– *Est-ce que la Terre pourrait être dévorée par lui ?*

– Non, elle en est beaucoup trop loin. Elle est hors de sa portée.

– *Mais demain matin, comment pourrais-je savoir si le Soleil est encore là, puisque je ne pourrais pas le voir ?*

– En observant, nuit après nuit, les étoiles toujours visibles dans le ciel, tu verrais repasser la ronde saisonnière des constellations tout comme auparavant. Cela t'assurerait que la Terre continue de tourner autour du Soleil.

– *Alors, le fait de devenir un trou noir n'empêcherait pas le Soleil d'attirer la Terre et de la maintenir en orbite autour de lui.*

– Tu as tout compris. Notre Soleil a deux actions différentes sur les planètes : premièrement il leur envoie de la lumière, et deuxièmement il les attire par ce qu'on appelle son champ de gravité. C'est une propriété de tous les corps. Ils s'attirent mutuellement et plus ils sont massifs plus ils attirent ce qu'il y a autour d'eux. Cependant, les deux activités sont indépendantes. Même s'il ne leur envoyait plus de lumière, le Soleil continuerait à attirer les planètes. Un trou noir manifeste sa présence par sa gravité.

Imaginons maintenant un autre chapitre à notre histoire. Cette fois, le malin génie augmente légèrement la masse du Soleil.

– Que se passe-t-il alors pour la Terre ? Si je comprends bien, elle serait plus fortement attirée par le Soleil. Tomberait-elle sur lui ?

– Pas nécessairement. Elle pourrait simplement s'en rapprocher. Elle tournerait plus vite, à une distance moindre que maintenant. Et si le génie enlevait une partie de la masse du Soleil, la Terre s'éloignerait et tournerait plus lentement. Cette petite histoire nous sera utile plus loin. Elle illustre le fait qu'un astre influence les mouvements des autres astres autour de lui, même s'il ne leur envoie pas de lumière.

Mais revenons aux trous noirs. Nous savons qu'il y en a un au centre de notre Galaxie, la

Voie lactée. Tout comme les planètes tournent autour du Soleil, on a récemment observé plusieurs étoiles qui orbitent autour de cet astre invisible. En mesurant leurs vitesses on peut évaluer sa masse, qui est trois millions de fois plus élevée que celle de notre Soleil. Ce trou noir est situé dans la direction de la constellation du Centaure, près de l'horizon sud en été sous nos latitudes. À côté d'Antarès, la belle étoile rouge, l'œil du Scorpion.

– C'est énorme ! Pourrait-il nous attirer et nous dévorer ?

– Non, nous sommes sauvés par la distance. Il semble acquis maintenant que chaque galaxie a un trou noir en son centre. La galaxie d'Andromède en a un, trente fois plus massif que le nôtre. Certaines galaxies en possèdent de beaucoup plus gros encore, jusqu'à mille fois le nôtre. Ces monstres avalent des astres et des nébuleuses entières. Des avalanches de matières se précipitent sur eux. Avant de disparaître à tout jamais, ces lambeaux gazeux en chute libre se réchauffent violemment et émettent des fulgurances de lumière sur toutes les longueurs d'ondes : radio, infrarouge, visible, ultraviolet, rayons X et rayons gammas. Ces « chants du cygne » sont détectables dans tout l'Univers. On les nomme « quasars ». On dit alors que le monstre « s'éveille » quand il reçoit à « manger ».

– *Y a-t-il aussi de plus petits trous noirs ?*

– Oui, il s'en forme à la mort des étoiles massives. Après l'explosion qui accompagne sa fin, une partie de la matière de l'étoile se comprime sur elle-même et atteint des densités gigantesques comparables à ce que serait un grand pétrolier confiné dans un dé à coudre. Il y en a des milliards dans notre Voie lactée, comme vraisemblablement dans chacune des autres galaxies.

– *Y en a-t-il de plus petits encore ?*

– Nous n'avons à ce jour aucune indication de leur existence. Mais l'astronomie n'a sans doute pas fini de nous faire découvrir son bestiaire fascinant.

Matière sombre

– *Mes amis me demandent si la matière sombre est composée de trous noirs. C'est quoi cette matière sombre qui semble si mystérieuse ?*

– Pour t'en parler, je vais d'abord revenir à notre chapitre sur le Soleil et son système planétaire. Rappelle-toi : si le Soleil était plus massif, la Terre tournerait plus vite. Disons-le autrement, la Terre a tout juste la bonne vitesse pour éviter de tomber sur le Soleil ou de s'enfuir dans l'espace. Disons-le autrement encore : on pourrait évaluer la masse du Soleil simplement en mesurant la vitesse de la Terre. J'insiste sur ce point. Il va maintenant devenir important.

Tout comme la Terre tourne autour du Soleil en un an, et la Lune autour de la Terre en un mois, le Soleil lui-même, ainsi que toutes les étoiles, tournent autour du noyau de notre Galaxie en environ deux cents millions d'années. La connaissance de la vitesse d'une étoile donnée permet d'évaluer la masse de l'ensemble de toutes les étoiles et nébuleuses qui se trouvent entre elle et le centre de la Voie lactée. Et c'est là que des problèmes surviennent. On fait le compte : toute cette masse n'est pas suffisante pour garder les étoiles captives dans la Galaxie. Le déficit est important surtout pour les étoiles les plus éloignées du centre. Il manque beaucoup de masse pour les retenir dans la Galaxie.

– *Cela veut dire quoi ?*

– Cela veut dire qu'il y a plus de matière dans notre Galaxie que celle qui est visible sous forme d'étoiles et de nébuleuses, à peu près six fois plus ! On appelle « matière sombre » ce supplément de matière invisible.

– *Est-ce qu'on sait de quoi elle est constituée ?*

– Non. On sait, en revanche, de quoi elle n'est pas constituée. Elle est très différente de la matière dont nous sommes faits nous-mêmes. Elle n'est pas faite de protons, neutrons, électrons, photons, les composants de la matière que nous appellerons « ordinaire ». Tous les essais pour en savoir plus n'ont rien donné jusqu'ici.

– *Alors nous en savons quoi ?*

– D'abord qu'elle existe ! On a maintenant d'autres preuves qui nous le confirment. Son existence avait déjà été déduite, vers 1935, de l'observation des amas de galaxies par l'astronome Fritz Zwicky. Ensuite, qu'elle possède, comme la matière ordinaire, la capacité d'attirer les autres corps. C'est d'ailleurs ce qui révèle son existence. Une autre information importante : la matière sombre représente 24 % de l'ensemble de la matière du cosmos et la matière ordinaire environ 4 % seulement.

– Et le reste ? 4 % plus 24 %, ça fait 28 %. Il en manque encore 72 %.

– Nous y viendrons bientôt.

– Est-ce que les trous noirs de notre Galaxie, dont nous avons parlé, ne pourraient pas constituer cette matière sombre ?

– Non, il y en a trop peu. L'ensemble de ces trous noirs, y compris celui du centre de la Galaxie, n'atteindrait pas 1 % de la masse requise pour retenir les étoiles. On ne peut pas compter sur eux.

– Alors sur qui peut-on compter ?

– Sur une autre découverte astronomique intéressante de ces dernières années : celle de l'énergie sombre. On y vient maintenant.

L'énergie sombre et l'avenir de l'Univers

– *Qu'entends-tu par énergie sombre ?*

– Rappelle-toi avant tout que l'astronomie est un domaine d'observations. Pour comprendre un terme, il faut d'abord revenir à l'observation qui lui a donné naissance.

À la fin du XXe siècle, on faisait le raisonnement suivant : à cause de leurs masses respectives, les galaxies s'attirent mutuellement. Elles doivent donc ralentir progressivement leur mouvement d'éloignement, et être aujourd'hui moins loin les unes des autres que si aucune attraction ne s'était exercée sur elles depuis le Big Bang. Or, après 1990, on a eu la surprise de constater le contraire. Les galaxies ne sont pas plus rapprochées mais plus éloignées que prévu. Les mesures sont certes difficiles. Elles furent soigneusement vérifiées et paraissent maintenant très crédibles.

Que se passe-t-il ? On en a conclu à l'existence d'une autre force qui s'exerce sur les galaxies. On l'attribue à une substance invisible nommée « énergie sombre » qui est présente dans tout l'Univers. Contrairement à la matière sombre et à la matière ordinaire, elle n'exerce pas une attraction mais une répulsion sur tout ce qui l'entoure. Elle accélère le mouvement des galaxies au lieu de le décélérer. De cette substance, comme de la matière sombre, nous ne connaissons pas la nature. Nous savons pourtant qu'elle représente 72 % de la densité cosmique.

– Donc, laisse-moi faire le calcul : 24 % de matière sombre plus 72 % d'énergie sombre ; cela veut dire que 96 % de l'Univers nous est inconnu. Est-on sûr qu'ils existent vraiment ces 96 % invisibles ?

– En science, la certitude absolue n'existe pas. Disons plutôt que les arguments en faveur de leur existence réelle sont hautement crédibles. Et cela fait un merveilleux champ de recherches. Les ordinateurs ne donnent pas de réponse quant à cette question, il faut continuer à observer et à se gratter la tête.

– Grand-papa, que peut-on prévoir pour l'avenir de l'Univers ?

– Là, tu me demandes de jouer au prophète. C'est un jeu risqué. La plupart du temps les prophéties de tous ordres se sont révélées fausses.

Mais il est tentant d'essayer de prévoir l'avenir à partir de nos connaissances actuelles, de son passé, et des lois de la physique. La première difficulté vient du fait que notre connaissance de la physique est en constante évolution. On cherche à prévoir l'avenir à partir des théories en cours en sachant que des développements nouveaux pourraient bien rendre nos énoncés caducs. Mais, munis de ces précautions, essayons quand même. Interrogeons la théorie du Big Bang, qui est la meilleure description que nous ayons de l'évolution du cosmos. Partant du fait qu'aujourd'hui les galaxies s'éloignent les unes des autres, que prévoit cette théorie pour l'avenir le plus lointain ?

Avant de te l'expliquer, je vais te proposer une petite expérience. Prends ce petit caillou et lance-le vers le haut. Nous constatons qu'il s'élève dans l'espace tout en ralentissant progressivement. Après une certaine hauteur qui dépend de l'élan que tu lui as donné, il s'arrête, fait marche arrière et revient vers le sol en accélérant cette fois. Sais-tu ce qui fait ralentir le caillou dans sa montée et le fait accélérer dans sa descente ? C'est la force de gravité qui s'exerce entre lui et notre planète. On peut dire qu'il cherche à s'en extraire et à s'envoler dans l'espace. Si l'élan initial était suffisant (mais ton bras n'est pas assez fort pour ça), il réussirait et partirait pour toujours. Il y a donc deux scénarios possibles pour l'avenir du caillou : il peut retomber au sol ou s'échapper dans l'espace. Et le choix dépend de l'élan initial donné par le lanceur.

Revenons maintenant à l'Univers en expansion. Les galaxies s'éloignent tout en s'attirant mutuellement. Ensuite, il y a encore deux scénarios possibles. Si l'impulsion initiale au moment du Big Bang avait été suffisante (premier scénario), les galaxies poursuivraient indéfiniment leur éloignement. En conséquence, l'Univers se diluerait et se refroidirait progressivement et indéfiniment jusqu'à atteindre des températures proches du zéro absolu. Ce scénario porte le nom de « Big Chill ». Dans le second cas, l'impulsion initiale serait insuffisante pour « libérer » les galaxies de leur attraction mutuelle. Elles verraient progressivement leur mouvement se ralentir et freiner. Elles reviendraient alors vers elles-mêmes en sens contraire de leur mouvement initial. La température de l'Univers retrouverait les hautes valeurs du passé dans une phase nommée « Big Crunch ». La théorie de la gravité d'Einstein nous dit que les deux scénarios sont a priori possibles, mais ne nous dit pas lequel sera le bon. La réponse ne peut venir que de l'observation du mouvement des galaxies.

– *Et alors, où cela nous mène-t-il pour tes prédictions sur l'avenir de l'Univers ?*

– C'est l'énergie sombre qui semble détenir la clef. Le problème, c'est que nous ne savons pas si elle change avec le temps. Si elle ne change pas au cours des milliards d'années à venir, l'accélération de l'expansion va se poursuivre indéfiniment et nous nous dirigeons vers le Big Chill. À l'inverse, si elle diminuait, nous pourrions au contraire nous réchauffer jusqu'à un futur Big Crunch. Mais pas de panique ! Cela ne se passera pas avant plusieurs dizaines de milliards d'années. Pour le proche avenir, le réchauffement planétaire que nous vivons en ce moment, lié pour une grande part aux activités humaines, est immensément plus inquiétant.

– Ta réponse, en définitive, c'est qu'on ne sait pas ! Le Big Crunch n'est pas exclu. Mais si c'est le cas, est-ce que ça pourrait recommencer après ? Un nouveau Big Bang ?

– Pas impossible ! Les mythologies indiennes parlent d'univers éternellement renaissant de leurs cendres comme l'oiseau Phoenix.

– Est-ce un argument pour défendre le scénario Big Crunch ?

– Non, tout juste une intéressante analogie.

Réflexions

– Je regarde les étoiles et je sais reconnaître Arcturus, Altaïr, Véga, Deneb, que je retrouve toujours avec plaisir. Elles sont devenues mes amies. Ce que tu m'as expliqué me les rend encore plus fascinantes. Je n'aurais jamais deviné qu'avec les télescopes on puisse observer autant de galaxies, autant d'astres plus extraordinaires les uns que les autres et apprendre tant de choses passionnantes sur notre Univers, son passé et son histoire…

– Notre grande chance, c'est que des scientifiques aient passé tant d'heures à concevoir ces instruments pour sonder la nuit profonde. Ils ont utilisé leurs observations pour valider ou réfuter des théories qui nous permettent ainsi de comprendre ce qui se passe. Nous récoltons le fruit de leurs travaux. Aujourd'hui encore, partout dans le monde, les chercheurs s'activent sans relâche pour percer d'autres mystères.

Il est une information particulièrement importante sur laquelle je veux insister : c'est que nous vivons dans un Univers qui a une histoire, un

Univers où il se passe sans cesse des choses nouvelles qui influencent la suite. Un exemple : le 24 février 1987, dans le ciel austral, on a observé à l'œil nu l'explosion d'une étoile dans le Grand Nuage de Magellan. Depuis cet instant, elle propulse dans l'espace des atomes nouveaux qu'elle a cuisinés tout au long de sa vie. Un autre exemple : il y a quelques années, tu as été conçue dans le ventre de ta mère. Et te voilà ici avec moi à regarder le ciel et à me poser des questions…

Ainsi, d'innombrables évènements, dans le ciel et sur la Terre, ont lieu à chaque moment de cette grande histoire que j'aime appeler « l'aventure-Univers ».

– Tu veux dire l'aventure de l'Univers ?

– Non, ce que je veux dire c'est que l'Univers *est* une aventure ! Elle se déroule depuis près de quatorze milliards d'années dans des espaces gigantesques, peut-être infinis. Le Soleil, nos existences, la vie de ton chat… sont de courts épisodes de cette épopée. C'est une succession d'évènements liés ou juxtaposés qui, en interagissant, déterminent la progression vers le futur.

Grâce à l'astronomie, nous avons appris que nous ne sommes pas le centre du monde comme nous l'avions longtemps cru. Les transats d'où nous regardons le ciel sont installés sur une petite planète qui gravite autour d'une étoile jaune, située à la périphérie d'une galaxie, comme il y en a des milliards.

Plus étonnant peut-être encore, notre vision du temps s'est élargie. On a cru longtemps que le monde avait été créé très récemment, il y a quelques milliers d'années au plus. Aujourd'hui notre regard s'ouvre sur des étendues de milliards d'années. La durée de nos vies – qui semble parfois si longue – est infinitésimale par rapport à l'âge de l'Univers ou à celui du Soleil. C'est comme le temps d'un clin d'œil par rapport à une année. Mark Twain, un auteur américain du XIXe siècle, utilisait une autre comparaison pour fustiger la vanité des humains qui se donnaient beaucoup d'importance. La durée de notre existence est comme l'épaisseur de la couche de peinture au sommet de la tour Eiffel par rapport à la hauteur de la tour. À cette époque, on ignorait ces dimensions gigantesques qu'a nécessitées l'apparition de la vie. L'élaboration de l'infrastructure de l'intelligence s'étend sur des milliards d'années et implique des volumes de dizaines de milliards d'années-lumière. Voilà encore une importante découverte due à la recherche scientifique.

– C'est merveilleux ! Mais, pourtant, je sais que tu es très inquiet pour la suite de cette belle histoire. Qu'est-ce qui ne va plus ?

– Oui, nous allons parler de la crise écologique

que nous traversons. On peut la relier indirectement à l'apparition de l'intelligence dans notre lignée humaine, à la dimension de notre cerveau, à ses prouesses… À ce propos, Platon, un philosophe grec, raconte la légende suivante : à la naissance des premiers vivants, deux frères, Épiméthée et Prométhée, sont chargés de distribuer à chaque espèce des dons particuliers pour affronter les dangers de la nature. Épiméthée commence. Il donne la mémoire aux éléphants, la vitesse aux félins, le vol aux oiseaux. Prométhée constate alors que son frère a oublié les humains et, pour compenser, il les dote de l'intelligence. Ils peuvent ainsi fabriquer des outils et mettre le feu du ciel à leur service.

– C'est une jolie légende. Mais, en réalité, comment cela est-il arrivé ?

– L'apparition des premiers humains remonte à environ deux cent mille ans. À l'époque, la vie ne devait pas être facile. La Terre était peuplée de prédateurs redoutables contre lesquels il fallait se protéger et protéger les enfants. Les humains étaient bien démunis face à ces dangers. Il fallait manger et essayer de ne pas être mangé. L'intelligence s'est développée comme une faculté pour affronter la compétition avec les autres vivants. En ce sens, on peut la considérer comme une nouvelle propriété émergente au moment où la complexité a atteint le stade d'apparition de certains animaux, et parmi eux, l'espèce humaine. C'est à ce titre qu'elle s'inscrit dans le déroulement de l'aventure-Univers. Au cours des âges, de bénéfique qu'elle était au départ, cette faculté est progressivement devenue problématique. Grâce à elle, nous, les humains, avons développé des technologies d'une prodigieuse efficacité. Mais si d'un côté, par exemple, nous inventons d'excellents médicaments, de l'autre nous vidons les océans, détruisons les forêts et stérilisons les terres agricoles. Nous éliminons des quantités de lignées animales et végétales pourtant là depuis des centaines de millions d'années. Nous découvrons que notre planète n'est pas infinie et nous sommes confrontés à cette limite. C'est ce que nous appelons maintenant la crise écologique. Le mot écologique veut dire « qui a rapport à la maison ». Nous malmenons notre maison, c'est-à-dire la biosphère, et tous ses habitants.

– Pourrions-nous envisager d'aller coloniser d'autres planètes ?

– Je ne crois pas que ce soit une bonne solution. En peu de temps nous retrouverions la même limite. Cela ne serait que la répétition de ce que nous faisons actuellement et ne ferait que retarder l'issue.

– En supposant que l'intelligence soit apparue sur une autre planète, est-ce que les mêmes problèmes pourraient se présenter à ceux qui la possèdent ?

– C'est la question que nous allons aborder maintenant. Pour lui donner un cadre nous allons inventer un scénario où il y aura beaucoup de « supposons que… ».

Supposons que des formes de vie, plus ou moins semblables à celles que nous observons sur la Terre, se soient développées sur un grand nombre de planètes dans l'Univers. Supposons aussi que les étapes de leur développement soient passablement semblables à ce qui s'est passé ici. C'est une hypothèse mais elle est instructive. Depuis plusieurs milliards d'années, des étoiles nouvelles se forment continuellement dans les galaxies. Certaines étoiles sont nées bien avant le Soleil qui, lui, n'est vieux que de 4,5 milliards d'années ; d'autres sont beaucoup plus récentes. Leurs systèmes planétaires auraient donc des âges différents. Imaginons de partir en voyage pour visiter différentes planètes. Sur certaines, on retrouverait les formes les plus primitives de la vie : des cellules foisonnant dans des nappes d'eau tiède. Ailleurs, on verrait des reptiles parcourir les savanes. Ailleurs, ce sont les ancêtres des oiseaux qui polliniseraient les premières fleurs. Et ailleurs, des êtres nantis d'intelligence peindraient les parois des grottes où ils s'abritent.

– *Pourrions-nous trouver des biosphères analogues à ce que sera la nôtre dans cent ans, dans mille ans, dans un million d'années ? Dans quel état seraient-elles ? On pourrait ainsi avoir une vision de ce que sera notre avenir. Comme dans une boule de cristal !*

– Ta question nous ramène à notre situation aujourd'hui. On peut imaginer que, tout comme nous, des civilisations ont eu à faire face aux difficultés que nous rencontrons maintenant : coexister avec leurs propres technologies, freiner la détérioration de leur biosphère induite par l'impact de leur industrie… Cette crise écologique que nous traversons pourrait être un phénomène universel, un passage obligé de la croissance de la complexité partout où elle atteint les hauts niveaux de l'intelligence et de la conscience. Une sorte d'examen de passage auquel seraient soumis tous les habitants intelligents des planètes où la vie a pu (ou pourra) apparaître. Là se jouerait le destin de l'intelligence, son aptitude à ne pas disparaître en même temps que la lignée qui en a hérité avec grand dommage pour la biosphère dans laquelle elle est apparue. Notre exploration interstellaire pourrait nous amener à différents cas de figure. Là où l'espèce intelligente a réussi son examen, l'aventure-Univers poursuivrait son évolution vers de nouveaux sommets, que nous ne sommes pas en mesure d'imaginer. À l'inverse, là où l'espèce a failli à la tâche, on trouverait les décombres et les débris de son action. Sur ces vestiges, la vie des êtres vivants qui auraient échappé à l'hécatombe s'épanouirait à nouveau… Et si, sur Terre, notre intelligence conduisait à pareille situation, les fruits de nos facultés créatrices – l'art, la science – seraient détruits et bientôt oubliés. Les noms de Mozart et de Van Gogh ne signifieraient plus rien. Et l'admirable entraide entre les humains, leur compassion envers les êtres souffrant serait perdue.

– Mais, peut-être qu'après un certain temps, un nouveau chapitre de l'évolution reprendrait sur les cendres refroidies ?

– Oui, tu as raison. Comme bien d'autres étoiles, le Soleil a encore plusieurs milliards d'années de vie devant lui. L'intelligence trouverait peut-être une nouvelle chance de s'épanouir, et qui sait, de perdurer ?

– Pourquoi ne pas réussir à relever ce défi dès maintenant ?

– La réponse appartient aux Terriens actuels.

TABLE

DU MÊME AUTEUR

Évolution stellaire et nucléosynthèse
Gordon and Breach / Dunod, 1968

Soleil : histoire à deux voix
(en coll. avec Jacques Very,
Éliane Dauphin-Lemierre et les enfants d'un CES)
La Noria, 1977 ; La Nacelle, 1990
Seuil Jeunesse, 2006

Patience dans l'azur
Seuil, « Science ouverte », 1981
et « Points Sciences », n° 55, 1988 (nouvelle édition)

Poussières d'étoiles
Seuil, « Science Ouverte », 1984 (album illustré)
« Points Sciences », n° 100, 2009 (nouvelle édition)
et Point Deux, 2011

L'Heure de s'enivrer
Seuil, « Science ouverte », 1986
et « Points Sciences », n° 84

Malicorne
Seuil, « Science ouverte », 1990
et « Points Sciences », n° 179

Poussières d'étoiles. Hubert Reeves à Malicorne
cassette vidéo 52 mn
Vision Seuil (VHS SECAM), 1990

Comme un cri du cœur
(ouvrage collectif)
L'Essentiel, Montréal, 1992

Compagnons de voyage
Photographies Jelica Obrénovitch
Seuil, « Science Ouverte », 1992 (album illustré)
et « Points », n° 542, 1998 (nouvelle édition)

Dernières nouvelles du cosmos
Seuil, « Science ouverte », 1994
et « Points Sciences », n° 130, 2002
(nouvelle édition)

L'espace prend la forme de mon regard
Photographies Jacques Very
Myriam Solal, 1995; L'Essentiel, Montréal, 1995
Seuil, 1999 et « Points Sciences », n° 173

La Plus Belle Histoire du monde
(en coll. avec Yves Coppens,
Joël de Rosnay et Dominique Simonnet)
Seuil, 1996 et « Points », n° P897

Intimes convictions
(entretiens)
Paroles d'Aube, 1997
La Renaissance du livre, 2001

Oiseaux, merveilleux oiseaux
Seuil, « Science ouverte », 1998
et « Points Sciences », n° 154

Noms de dieux
(entretiens avec Edmond Blattchen)
Stanké, Montréal, et Alice éditions, Liège, 2000

L'Univers
CD à voix haute, Gallimard, 2000

Sommes-nous seuls dans l'Univers ?
(en collaboration avec Nicolas Prantzos,
Alfred Vidal-Madjar et Jean Heidmann)
Fayard, 2000 et « Le Livre de poche », 2002

Hubert Reeves par lui-même
Stanké, Montréal, 2001

La Nuit
CD, éditions De Vive Voix, Paris, 2001

Hubert Reeves, conteur d'étoiles
(documentaire écrit et réalisé par
Iolande Cadrin-Rossignol)
Office national du film canadien, 2002
DVD éditions Montparnasse, 2003

Mal de Terre
(en coll. avec Frédéric Lenoir)
Seuil, « Science ouverte », 2003
et « Points Sciences », n° 164

Chroniques du ciel et de la vie
Seuil / France Culture, 2005
et « Points Sciences », n° 191

Réponses à des questions fréquemment posées
De l'astronomie à la crise écologique actuelle
Vol. 1 et 2
CD Spirit Music, Metz, 2006

Chroniques des atomes et des galaxies
Seuil / France Culture, 2007
et « Points Sciences », n° 200

Patience dans l'obscur
Photographies Jacques Very
Éditions Multimondes, Montréal, 2007

Petite histoire de la matière et de l'Univers
par Hubert Reeves et ses amis
Le Pommier, 2008

Je n'aurai pas le temps
Mémoires
Seuil, « Science ouverte », 2008

Le Joli Monde d'Hubert Reeves
(en coll. avec Christophe Aubel et Cécile Léna)
Élytis, 2009

Arbres aimés
Photographies Jacques Very
Seuil, 2009 (album illustré)

Du Big Bang au vivant
(en coll. avec Jean-Pierre Luminet
réalisé par Iolande Rossignol et Denis Blacquière)
DVD éditions ECP Montréal, 2010